Natur in Hessen

Der Atem der Auen

Streifzüge durch Kühkopf und Knoblochsaue

Stiftung Hessischer Naturschutz (Hrsg.)

Herwig Klemp (Text)
Herbert Zettl (Fotos)
Ralph Baumgärtel (Beratung)

Verlag Herwig Klemp

Titelbild: Schlappeswörth-Altrhein mit Seekanne, Tannenwedel und Silberweiden-Nachwuchs

rechts: Startende Graugans

Rückumschlag: Die Raupe des Großen Gabelschwanz lebt an Weiden und Pappeln. Ihr rotes „Gesicht" zeigt sie bei Störung, und sie ist die einzige Raupe, die sogar spucken kann!

CIP-Titelaufnahme der Deutschen Bibliothek
Der Atem der Auen :
Streifzüge durch Kühkopf und Knoblochsaue
[Hrsg.: Stiftung Hessischer Naturschutz; Autoren: Herwig Klemp ...].
Hatten/Sandkrug: Verlag Herwig Klemp, 1997
NE: Zettl, Herbert

26209 Hatten/Sandkrug

Gestaltung: Arnd Bockhacker
Karten: Studio für Landkartentechnik Detlef Maiwald
Repro: Litho Niemann+M.Steggemann
Druck: Neue Stalling

ISBN 3 - 931323 - 02 - 1

Rastende Kraniche. Blick von der Knoblochsaue über das NSG „Großes Michelried“ auf die Pappelbestände des Kleinen Kühkopf. Im Hintergrund der Odenwald.

Interview mit dem Vorstandsvorsitzenden der Stiftung Hessischer Naturschutz Staatssekretär Heinz Fromm

Warum hat sich die Stiftung entschlossen, eine Buchreihe „Natur in Hessen“ zu beginnen?

Der Grundgedanke ist, den Menschen die Natur als etwas Positives, Schönes zu vermitteln, denn nur dann sind sie auch bereit, für den Schutz dieser Natur etwas zu tun.

Weshalb haben Sie sich für das erste Buch das Naturschutzgebiet Kühkopf-Knoblochsaue ausgesucht?

Das Naturschutzgebiet Kühkopf-Knoblochsaue ist das größte in Hessen und repräsentiert einen Lebensraum, der in der Vergangenheit z.B. durch Trockenlegung immer weiter reduziert wurde. Heute sind wir uns der Bedeutung der Auen wieder bewußt geworden und versuchen, sie mit großem Aufwand zu renaturieren.

Was ist für Sie das besondere am Kühkopf?

Einmal die für ein Naturschutzgebiet wirklich ungewöhnliche Größe. Beeindruckt bin ich aber vor allem von der Artenvielfalt, die am Kühkopf zu finden ist, den vielen verschiedenen, teilweise sehr selten gewordenen Pflanzen und Tieren. Für mich als Staatssekretär, der für Naturschutz zuständig ist, ist es wichtig zu sehen, daß es ganz offensichtlich möglich ist, Naturschutz mit Erholung für Menschen zu verbinden. Sicher nicht immer reibungslos, hier jedoch offensichtlich sehr erfolgreich.

Sie sind Vorstandsvorsitzender der Stiftung Hessischer Naturschutz. Was macht diese Stiftung denn eigentlich?

Die Stiftung Hessischer Naturschutz wurde 1978 vom Land Hessen ins Leben gerufen und fördert ideell und materiell Naturschutzprojekte in Hessen. Das fängt bei der finanziellen Unterstützung kleiner Broschüren an, geht über die Unterstützung von Artenhilfsmaßnahmen und Forschungsprogrammen bis zur Durchführung eigener Projekte wie z.B. dieses Buchprojektes.

Das Naturschutzgebiet

Zum Naturschutzgebiet Kühkopf-Knoblochsaue gehören die Rheininsel Kühkopf, der Stockstadt-Erfelder Altrhein, das Ufergelände zwischen dem südlichen Altrhein und dem Königsdeich, das Auwaldgebiet der Knoblochsaue, das Peterswert und der Schusterwörther Altrhein.

Mit 2.370 Hektar Fläche ist das Naturschutzgebiet (NSG) das weitaus größte in Hessen. Gleichzeitig trägt es das UNESCO-Prädikat „Europareservat".

Nach Beurteilung des Regierungspräsidiums in Darmstadt fällt das NSG außerdem unter die Richtlinie der Europäischen Union „Fauna, Flora, Habitat" (FFH-Richtlinie). Mit anderen Worten: Das Gebiet nimmt in seiner ökologischen Bedeutung europäischen Rang ein.

Der Kühkopf selbst ist etwa 1.700 ha groß. Davon werden 100 bis 350 ha von Flachwasserbereichen bedeckt, 150 ha von Röhricht und 620 ha von Auwald. In der letztgenannten Zahl sind 150 ha Pappelkulturen enthalten, deren Entwicklung zum naturnahen Auwald von der Forstverwaltung gefördert wird.

Im Zentralbereich der Insel und auf der Knoblochsaue werden außerdem 400 ha extensiv als Grünland genutzt. 200 ha im Jahre 1983 aufgegebene Ackerflächen wurden weitgehend sich selbst überlassen. Dort erobert der Hartholzauwald sein Territorium zurück.

Das Europareservat ist ein beliebtes Naherholungsgebiet. An Spitzenwochenenden wurden im Mai bis zu 7.000 Spaziergänger oder Radler gezählt. 60 Kilometer Wanderwege hat das NSG aufzuweisen. Ein Rundgang um den Kühkopf führt größtenteils über die alten Sommerdämme und ist etwa 17 km lang.

Als Gegengewicht zur weitgehenden Erschließung des Gebietes wurden Naturreservate ausgewiesen. Sie schützen einen Großteil der naturnahesten Bereiche des Schutzgebietes wie Altarme, Röhrichte und Auwälder. Lediglich in zwei Reservaten finden sich großflächig wertvolle Lebensräume aus Menschenhand: Mit Obstbäumen und Solitäreichen bestandene Auenwiesen.

Die Naturreservate sind in der Landschaft ausgeschildert, um jegliches versehentliche Betreten zu verhindern.

Auch außerhalb der Reservate besteht grundsätzlich Wegegebot, das heißt, die öffentlichen Wege dürfen nicht verlassen werden.

Das Konzept einer Verbindung zwischen ruhiger Erholung auf ausgewiesenen Wegen und streng geschützten „Kernzonen" hat sich in großen Schutzgebieten bewährt. Wenn Sie als Wanderer zum Teil sehr selten gewordene Tierarten im Schutzgebiet erleben können, dann ist das gerade auch den Einschränkungen zu verdanken.

Besonders zu empfehlen ist, das Beobachtungsversteck am Schlappeswörth-Arm aufzusuchen und von dort aus die Natur zu beobachten. Vergessen Sie Ihr Fernglas nicht!

Pumpwerk Wächterstadt
Am Rhein-damm
Schett
Riedsee
Weidacker
Kühweide
Gänsweide
Wingertsgewann
Vorderste Beune
Hayna
Scheidgraben
44
Flurscheid
88,1 m
Im Forst
Riedstadt-Leeheim
26
Riedstadt-Wolfskehlen
Hohes Kammerfeld
Sonnenhof
85,1 m
84,9 m
86,5 m
Damm-haus
Kammerhöfe
Pumpwerk Kammerhof
Großes Michelried
Nachtweide
Bensheimerhof
Hessen
87,7 m
Auf dem Wasen
Hainersand
Vorderste Asch
Mittelgewann
Bettelhecke
RHEIN
Schusterwörther Altrhein
Stadtwaldspitze
Pfannstielswiesen
Petersweri
84,5 m
Mönchwiese
Leopoldsgewann
Geilsbruderloch
86,4 m
Plattenhof
Riedstadt-Erfelden
Pfälzerhof
Lindenhof
RIED
Bruderlöcher
Platten- und Pfannstielswiesen
Hahnensand
Mordhecke
Neujahrsloch
Kleiner Kühkopf
Schlappeswörth
Beobachtungsstand
Krappenschlag
Kühkopf
Riedstadt-Goddelau
88,1 m
Mittelgewann
Karlswert
86,2 m
Knoblochsaue
Aquarium
Karlswörth
Rindswörth
Gartenschlag
84,8 m
Forsthaus Knoblochsaue
Schwedensäule
Altrhein
Hoher Wegschlag
87,0 m
Kisselwörth
Dornschlag
86,7 m
Kühkopf
Schwarzbach
89,0 m
Guntershausen
Informationszentrum NSG Kühkopf-Knoblochsaue
Schafweide
Erlenwald
Königsinsel
Krönkesinsel
Hallert
Dammhaus
Ausmeer
Eichwiesen
Kreuzäcker
Rheinfähre
Vordere Viehweide
86,4 m
Schwedenkirchhof
Mönchau
Kälberteicher Hof
Reichertsinsel
Altes Wörthchen
Modau
Platte
Stockstadt am Rhein
Höbelslache
Schellert
Aspen
89,0 m
Eichwald
Ochsenlache
Jungbusch
Geyerklauer
86,5 m
Köllsche Garten
Kleines Lochheim
Nußwiese
Währen
Eiswasser
Mühlwert
Neustück
Hainlache
Hainlachhof
Wiesenhof
Brückenhof
Am Schutzbrett
Schloßmühle
Modau
Waldmühle
Fischsee
86,7 m
Kisselwiesen
Kisselkaute
Königsdeich
85,0 m
Kirchhöbel
88,6 m
Bahnwärterhaus Nr.54
Ulmenhof
Gigack
Brunnenhof
Geyer
86,1 m
Große Bütt
Schmalwert
Flochheim
Weingarten
Röst
Eulenbusch
Gimbsheimer Fahrt
Rheinland-Pfalz
44
Gr.Ramsloch
86,7 m
Platanenhof
Lachgewann
85,9 m
Altrhein
Büttenhof
Auenhof
Biebesheim am Rhein
Fanggraben
88,3 m
Im Königsgarten
Wechselsee
Rheinwiesenhof
Rheinwiese
88,7 m
Weideteich
Ellenloch
Heul
89,2 m
Strohnert
Im Abel
Im flachen Wert
88,0 m
Allmen
87,0 m
Heegstücksee
Steinwegsee
Allmenteiche
Dornböhl
1 km
86,4 m
RHEIN
Hammer Weiden
89,0 m
Kohlwiese
© 1997, Studio für Landkartentechnik

Wie der Kühkopf zur Insel wurde

Frühe Pläne, die Rheinschleife abzuschneiden und den Kühkopf zur Insel zu machen, entsprangen militärischen Erwägungen: Während der Koalitionskriege von 1794 bis 1797 sollte ein zu schaffender Durchbruch den Rhein als Frontlinie begradigen und die vordringenden Franzosen stoppen; auf dem zur Insel gewordenen Kühkopf war ein starker Stützpunkt vorgesehen. Der Kriegsverlauf machte diese Pläne dann entbehrlich. Auf dem Wiener Kongreß von 1814/15 wurde die Provinz Rheinhessen an das Großherzogtum Hessen angegliedert. Somit wurde ein Durchstich allein hessische Angelegenheit.

Der hessische Oberbaudirektor Dr. Claus Kröncke machte sich für den Durchstich stark. Seine Argumente und Pläne stellte er 1826 in einer Schrift mit dem Titel „Über die Durchgrabung der Erdzunge am Geyer" vor. Flußbaumeister Tulla unterstützte die Pläne. Nach etlichen öffentlichen Diskussionen beschloß der hessische Landtag 1827 den Durchstich.
Am 31. März 1828 konnte Baumeister Kröncke mit der praktischen Arbeit beginnen. Geschickt bezog Kröncke die Erosionskraft des Rheines in das Werk ein: Er ließ lediglich einen gut 16 Meter breiten und 3625 m langen

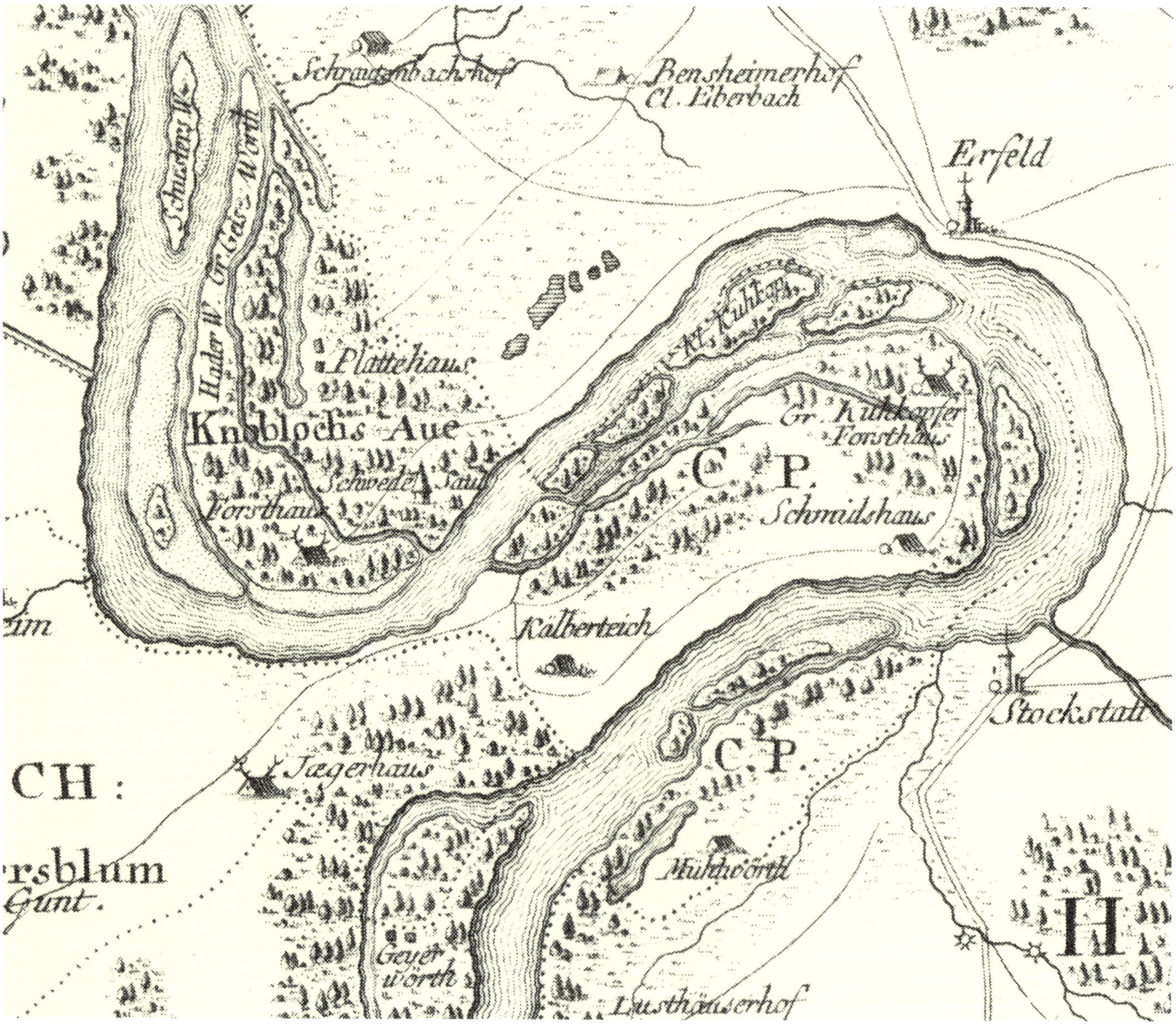

Graben ausheben. Der Strom selbst vertiefte den Graben, verbreiterte den Durchstich auf 308 Meter und schuf den Durchbruch von insgesamt fünfeinhalb Kilometern. Geteilt wurde im Laufe des Durchbruches auch die Rheininsel Geyer. Zum weitaus grösseren Teil fiel diese Insel dem Kühkopf zu; der Rest blieb der linken Rheinseite.

Die Folgen des Durchstiches:

Die Hochwassergefahr wurde gemindert, weil das Wasser schneller abfließen konnte.

Der Grundwasserspiegel im Umfeld sank, so daß Feuchtwiesen und Sümpfe in fruchtbares Ackerland verwandelt werden konnten.

Der Schiffahrtsweg wurde circa 10 Kilometer kürzer und ungleich leichter zu befahren.

Trotzdem herrschte nicht überall eitel Freude und Sonnenschein:

Die Gemeinden Gimbsheim und Guntersblum verloren etwa 150 Hektar Land an den Neurhein.

Außerdem wurde die Bewirtschaftung von mehr als 1.100 Morgen Land auf dem Kühkopf nun erschwert.

Auch Erfelden und Stockstadt mußten Nachteile durch die Regulierung hinnehmen: Was den Handel auf dem Rhein anbelangte, lagen sie plötzlich im Abseits. Ihre Anlegestellen, Lade- und Stapelplätze verloren an Bedeutung.

Die Kartenausschnitte entstammen der historischen Rheinkarte anno 1794. Deutlicher als viele Worte zeigen die Karten den Charakter des Rheines als Wildfluß. Linksrheinisch, als „Gegenstück" der Rheinschleife bei Stockstadt und Erfelden, sehen Sie übrigens bei den Orten Eich und Gimbsheim einen verlandenden Altrhein. Für die Abkoppelung dieser Schleife zeichnen keine menschlichen Baumeister verantwortlich. Hier hat der Rhein seinen Lauf selbst verkürzt.

Die Karte wurde mit freundlicher Genehmigung der Riedstädter Bücherstube reproduziert.

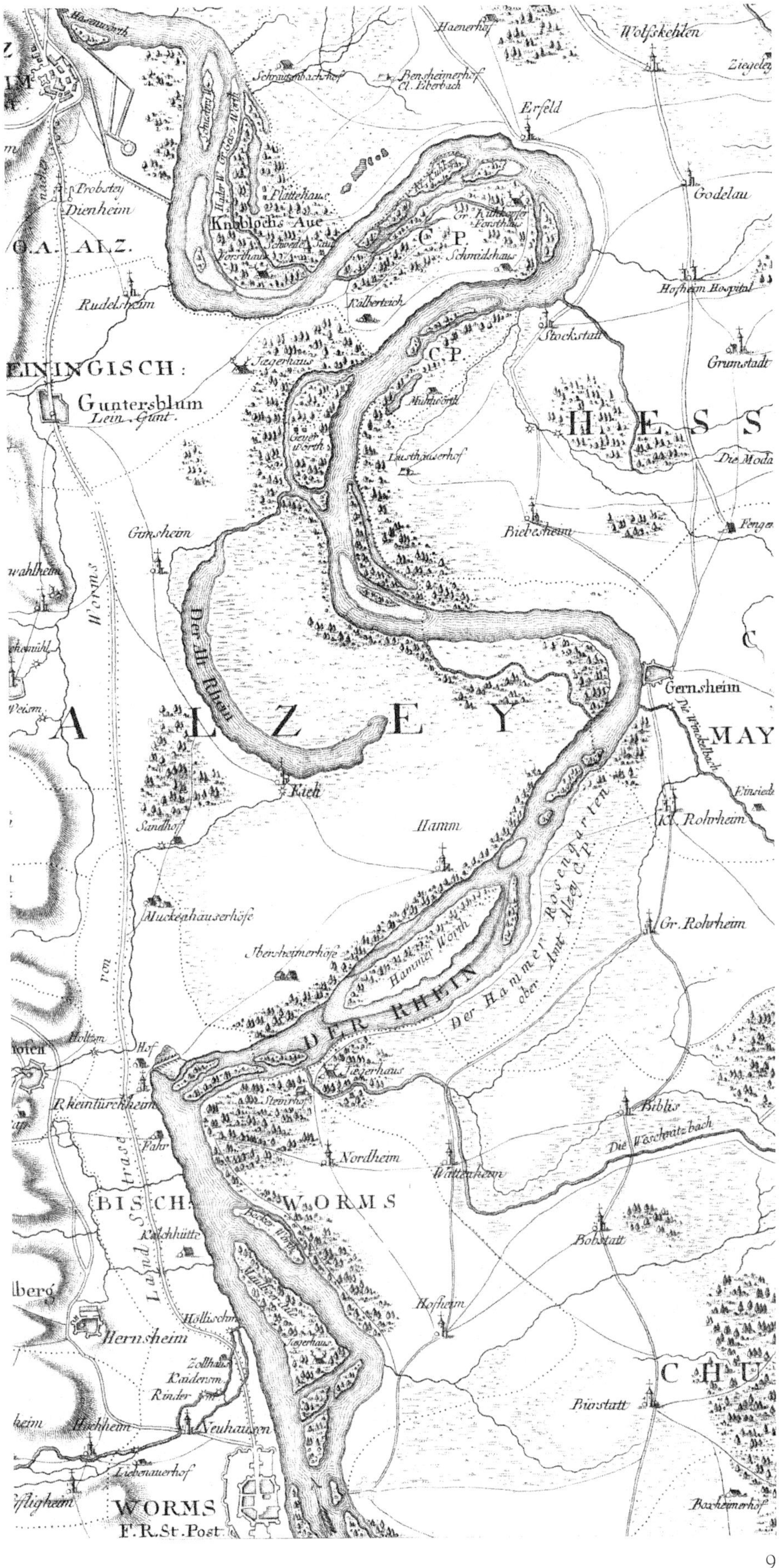

Das Wasser kommt und geht

Intakte Auen sind wie das Wattenmeer: Ohne das ständige Auf und Ab des Wassers sind beide undenkbar. Nur schwanken die Wasserstände in den Auen viel unregelmäßiger als Ebbe und Flut.
Taut im Frühling oder Frühsommer der Schnee in den Alpen, so ist im Rhein (wie zuvor schon bei der Schneeschmelze in den Mittelgebirgen) ein höherer Wasserstand zu erwarten. Neben diesem sogenannten „Sommerhochwasser" begegnet uns manchmal auch der Begriff „Adventshochwasser". Er steht für die Annahme, daß im Dezember häufiger als sonst mit Hochwasser zu rechnen sei. Einer Überprüfung hält dieser Erfahrungswert nicht stand. Aus dem statistischen Mittel langjähriger Pegelstände ergibt sich eine Kurve, die von herbstlichem Niedrigwasser kontinuierlich zu erhöhten Wasserständen im Mai/Juni verläuft.
Das Bild links unten zeigt Druckwasser im Polder beim Pumpwerk Kammerhof im Sommer 96: Damals führte der Rhein über längere Zeit Hochwasser. Als Folge stieg der Grundwasserspiegel im Uferbereich. Sommerliche Schäden auf Äckern infolge Druckwasser sind nicht ungewöhnlich, treten aber bei weitem nicht jedes Jahr auf.
Das große Foto zeigt eine geflutete Weichholzaue. Es ist keine Seltenheit, daß besonders tief gelegene Teile dieses Lebensraumes in Kühkopf und Knoblochsaue 200 Tage im Jahr unter Wasser stehen.
Andererseits werden die Auen heute wesentlich seltener überflutet als früher, weil im Zuge der verschiedensten Ausbaumaßnahmen die Rheinsohle um fast eineinhalb Meter gesenkt wurde.

Die beiden nebeneinanderstehenden Fotos dieser Seite zeigen mittlere Wasserstände im Sommer 94. Sie sehen eine Silberweide an der Mittelwasserlinie und einen Altarm auf dem Kühkopf, das sogenannte „Aquarium“.
Der trockengefallene Krönkesarm rechts unten wurde im April 96 aufgenommen; die Spuren stammen von Wildschweinen.
Daß Schwankungen des Wasserspiegels schubweise verlaufen können, verdeutlicht das Foto oben rechts. Es zeigt Niedrigwasser am Altrhein.

Wo heute der Haubentaucher (oben links) Fische jagt, stochert vielleicht schon übermorgen ein durchziehender Watvogel (Bild: Grünschenkel) im Schlamm nach Nahrung. Zwei völlig unterschiedliche Lebensräume also, zeitlich versetzt, auf gleicher Fläche!
Im Sommer 1987 verweilten wochenlang ungewöhnlich viele Weiß- und Schwarzstörche auf den Wiesen des Kühkopf. Oft waren dort mehr Störche versammelt, als insgesamt im Land Hessen brüten.
Ursache war das langanhaltende Hochwasser, das von Juni bis September für nasse Wiesen sorgte. Die Störche fanden in gefluteten Mulden ein vielfältiges Nahrungsangebot an Fischen, Fröschen und anderem Getier.
Das ungewöhnliche Sommerhochwasser veränderte auch die Vegetation im Inneren des Kühkopf nachhaltig und löste ein Problem, das einiges Kopfzerbrechen bereitet hatte (siehe S. 66).
1983 brach auf dem Kühkopf bei einem Hochwasser der Sommerdeich. Der unter dem Auenlehm liegende Sand wurde ausgespült; es entstand ein Kolk, der noch heute als ständig wasserführender Weiher erhalten ist. Auf den Sandböden am Kolk tauchten 1984 zahlreiche Laufkäfer auf; auf offenen Sandwällen sogar zwei Arten von Blütenmulmkäfern, die in Hessen seit 130 bzw.150 Jahren nicht mehr festgestellt worden waren! Das Beispiel zeigt: Das natürliche Potential ist oft noch da; die Natur wird wieder vielfältiger, wenn wir ihr Raum und Freiheit lassen.
Eisvögel nutzten die Bruchstellen im Deich, um Niströhren zu graben.

Diese Doppelseite veranschaulicht an sieben Beispielen, wie wechselnde Wasserstände die Vielfalt des Lebens in der Aue fördern und Anstöße für ständig neue, auf Dauer aber doch wiederkehrende und auentypische Entwicklungen geben. Sieben Beispiele von letztlich abertausenden,

die zusammen die Vielfalt der Auen bewirken!

Schilf ist eine Pflanze stehender Gewässer. Am durchströmten Altrhein finden wir es deshalb nur in stillen Buchten, während es an Altwässern und im verlandeten Flußbett große Flächen bedeckt. Hochwässer erreichen das Schilf aber auch dort, und bei schnellem Auf- und Ablaufen des Wassers hinterlassen Strömung und Treibgut ihre Spuren. Zuvor geschlossene Schilfbestände werden gelichtet, werden „unordentlicher" und reicher an Strukturen.
Davon profitiert das Blaukehlchen. Der kleine Vogel nistet gern im Schilf, bevorzugt aber Randbereiche und meidet das Innere großer Bestände. Wenn nach Hochwasser die Schilfbestände gelichtet sind, werden sie für Blaukehlchen bewohnbar.

Vielfalt dank wechselnder Wasserstände

Spitzenhochwasser

Jahrhundert-
hochwasser

Katastrophen-
hochwasser

Links unten: Wasser läuft über den Sommerdeich hinter dem Plattenhof (Knoblochsaue). Wenn das geschieht, steht der Erfelder Pegel knapp über 6 Meter. Links oben sehen Sie den Blick vom Winterdeich nahe dem „Neujahrsloch“ Richtung Westen über den Hahnensand. Als das Bild entstand, waren alle Sommerdeiche in Kühkopf und Knoblochsaue überflutet. Sicher kann man ein solches Hochwasser bereits als Spitzenhochwasser bezeichnen. Für die Winterdeiche (Hauptdämme) besteht bei diesem Wasserstand keine Gefahr.

„Jahrhunderthochwässer“ haben deutlich zugenommen. Ein Grund dafür ist der Ausbau des Rheines. -- Früher waren Jahrhunderthochwässer meist Katastrophenhochwässer. Die Annalen der Katastrophen am Rhein sind lang. Mehrere in mittelalterlichen Chroniken erwähnte Ortschaften sind im Laufe der Jahrhunderte wieder verschwunden; einige fielen dem Strom zum Opfer, bei anderen weiß man es nicht genau.

Der Erfelder Rheinpegel ist der älteste im Stromabschnitt von Mannheim bis Bingen. Er wurde 1797 errichtet. Seinen höchsten Stand erreichte der Rhein seitdem zum Jahreswechsel 1882/83 mit 7,07 m: Bei diesem Pegelstand brach in der Neujahrsnacht der Hauptdamm (Winterdeich) in der Gemarkung „Im Hahnensand“ auf einer Länge von 115 m. Das eindringende Wasser spülte das bereits erwähnte „Neujahrsloch“ aus; es war etwa 20 m tief und 190 m breit. Riesige Flächen wurden damals überflutet, und im Januar konnte man auf Schlittschuhen von Erfelden nach Groß-Gerau laufen.

Inzwischen wurden die Deiche verstärkt und erhöht, und trotzdem gab es seit 1883 viele dramatische Situationen.

Die Männer am Damm wurden am 18.Januar 1955 auf dem Winterdeich bei Erfelden aufgenommen. Der Pegel stand bei 6,70 m, das war der dritthöchste Stand seit Errichtung des Pegels. Der Altrhein war zum reißenden Strom geworden. Tagelang mußte ein Katastrophenstab im Einsatz bleiben. Die Deiche hielten; nur an einigen Sommerdämmen entstanden nennenswerte Schäden.

Gut ausgegangen ist auch das mit 6,78 m noch höhere Hochwasser im März 1988.

Der Neurhein

Leben im Wasser, Leben vom Wasser

Der Neurhein (rechts: an der Nordspitze des Naturschutzgebietes): Seine Ufer sind mit Blocksteinpackungen befestigt und bieten kaum Lebensraum für Pflanzen und Tiere. Die Buhnen sind wie die Stangen eines Korsetts: geschaffen, den Strom in ideale Formen zu pressen; ideal aus der Sicht der Schiffahrt.
Immer wieder sind an diesem maltraitierten Fluß Kormorane (Mitte links) und Tauchenten (Tafel- und Reiherenten) zu beobachten, also gibt es auch Fische und Muscheln im Rhein. Links unten: Muscheln im Spülsaum.
Anblicke wie die vereisten Flächen an der Mündung des Stockstadt-Erfeldener Altrheines sind ungemein selten geworden. Kaum noch gefriert das Wasser im Rhein, weil es durch Kraftwerke und andere Nutzungen aufgeheizt wird. Eine von zahlreichen Folgen der Erwärmung: Tiere und Pflanzen aus wärmeren Flußsystemen wie die Chinesische Wollhandkrabbe konnten sich neue Lebensräume erschließen.

Der Stockstadt-Erfeldener Altrhein

Der Stockstadt-Erfeldener Altrhein: Sein rechtes Ufer ist teilweise durch Steinpackungen befestigt, und große Uferabschnitte sind durch Ausbaggern der Schiffahrtsrinne steil, hoch und „aufgeräumt". Schmal und ruhig ist der Altrhein geworden wie so mancher alte Herr, der in den Ruhestand verbannt wurde.

Aber immer noch strömt auf 16 km Länge Rheinwasser durch das Flußbett, zeigt der Strom bei Hochwässern seine einstige Größe. Trotz aller Einschränkungen gibt es jene naturnahen und herrlichen Uferbereiche wie im Foto oben rechts, denen das Naturschutzgebiet vor allem seinen guten Namen verdankt.

Der schönste und interessanteste Abschnitt dieses Altrheines liegt bei der Krönkesinsel. Hier finden sich flache Uferpartien mit ausgedehnten Schilf- und Seggenbeständen. Hier stehen Dickichte aus jungen Silberweiden, und hier bedecken diese fast natürlichen Röhrichte und Weichholzauen große Flächen. In Seggenbeständen und Schilfgebieten, zwischen geflutetem, dichtstehendem Weidennachwuchs und im durchspülten Wurzelwerk alter Silberweiden finden Fische Verstecke und Laichplätze.

Attraktiv sind die Gestade vor der Krönkesinsel auch für Freizeitkapitäne, die dort Anker werfen und die Idylle genießen . Vor allem in der Brutzeit, aber auch für durchziehende Arten mindern sie den Wert des Gebietes. Während sich Scharen häufiger Wasservögel in der Nähe der Menschen tummeln, geht das Naturschutzgebiet scheuen und störungsempfindlichen Arten in großem Umkreis um die ankernden Boote als Lebensraum verloren. 1994 hat Prof.Dr.Lelek vom Forschungsinstitut Senckenberg 17 Fischarten im Stockstadt-Erfeldener Altrhein nachgewiesen. Das waren vier weniger als 16 Jahre zuvor. Die Masse der Fische gehörte zu den anspruchslosen Weißfischarten Rotauge, Brachse und Blicke. Prof. Lelek hat aus seinen Beobachtungen eine Reihe von Vorschlägen abgeleitet.

So geht es darum, mehr natürliche Strukturen zuzulassen. In den Fluß gestürzte Bäume sollten beispielsweise liegenbleiben dürfen. Das Bild links unten zeigt eine Stelle, wie der Hecht sie liebt.

Der Hecht gehört zu den Fischen, die zum Laichen in überflutete Flächen ziehen. Wasserbau und gesunkener Wasserstand des Rheines haben ihm zugesetzt: Fluträume müssen wiederhergestellt werden.

Viele in den Überflutungsflächen geschlüpfte Jungfische verenden, weil sie bei ablaufendem Hochwasser wegen verlandeter Flutrinnen nicht mehr den rettenden Fluß erreichen. Ein besserer Wasseraustausch zwischen durchströmtem Altrhein und angrenzenden Altarmen und Flutmulden ist also anzustreben.

Probleme hat auch der Wildkarpfen. Er lebt den Großteil des Jahres im stärker durchströmten Neurhein. Lediglich zur Fortpflanzung sucht er sonnenwarme, ruhige Flachwasserbereiche des Altrheines auf, um zwischen Rohrglanzgras oder Seggen zu laichen. Von der Erfeldener Brücke können Sie dann Anblicke genießen wie den im Foto Mitte links. Geeignete Laichplätze sind leider rar geworden; einen optimalen zeigt das Foto oben links.

Eine zweite Schwierigkeit tritt noch hinzu: Auf der Suche nach Laichplätzen orientiert sich der Karpfen an zunehmender Wassertemperatur. Früher führte ihn diese Strategie in die wärmsten Buchten; heute erreicht er häufig jene Stelle, an der das erwärmte Kühlwasser eines Atomkraftwerkes in den Fluß geleitet wird.

Der Schusterwörther Altrhein

Der Schusterwörther Altrhein mündet in der Nordspitze der Knoblochsaue in den Rhein. „Mündet" ist eigentlich der falsche Begriff: Im Gegensatz zum Stockstadt-Erfeldener Altrhein wird der Schusterwörther Altrhein normalerweise nicht mehr durchströmt. Sein Zufluß (Ingestion) ist bereits vor langer Zeit verlandet, und auch seine „Mündung" (Egestion) in den Hauptstrom ist nur noch fünf bis zehn Meter breit. Da sich dort bereits große Mengen Schlamm abgesetzt haben, ist der Wasseraustausch zwischen Rhein und Altrhein sehr stark eingeschränkt.

Wir beobachten hier eine gesetzmäßig ablaufende Entwicklung. Alte Flußschleifen koppeln sich immer erst am Zulauf, dann an der Mündung vom Hauptstrom ab, um irgendwann völlig zu verlanden. Die Verlandung der Egestion wird in diesem Fall allerdings durch eine benachbarte, in den Rhein gebaute Längsbuhne stark gefördert.

Da der Schusterwörther Altrhein nur noch bei Hochwasser (ab fünf Meter Pegel Worms) durchströmt wird, finden sich hier zahlreiche Arten von Unterwasser- und Schwimmblattpflanzen, die ständige Strömung nicht vertragen und deshalb im Stockstadt-Erfeldener Altrhein fehlen. Das Foto links oben zeigt eine Wasserfläche mit vier verschiedenen Wasserpflanzenarten (Teichrose, Wassernuß, Seekanne, Schwanenblume). Artenfotos sehen Sie von Seekanne (gelb) und Pfeilkraut (weiß). Daneben gedeihen am Schusterwörther Altrhein ebenfalls Wasserknöterich, Tausendblatt und Gemeines Hornkraut. Diese Pflanzen bieten Krautlaichern wie Rotfeder und Schleie Möglichkeiten zur Eiablage. Leider nehmen die Wasserpflanzengesellschaften mit der Verlandung des Altrheines ab.

An Fischen wurden im Schusterwörther Altrhein 12 Arten nachgewiesen, darunter am häufigsten Ukelei, Blicke und Rotauge, Brachsen und Sonnenbarsch. Selten gefangen wurden Blaubandbärbling, Döbel, Gründling, Wildkarpfen, Rotfeder und Zander. Noch ist unklar, warum die Rotfeder so selten nachgewiesen wurde. Eigentlich müßte der Lebensraum ihr zusagen.
Rechts sehen Sie einen der verlandeten Einläufe des Schusterwörther Altrheines. Das Bild zeigt sehr schön die Zonierung des Altwassers: Die Schlammfluren waren mit Knöterich bewachsen, der zum Herbst hin bereits abgestorben ist. Dem Schilf vorgelagert sind Seggen.

Wassernuß

Eine ganz besondere Pflanzenart des Schusterwörther Altrheines ist die Wassernuß. Nirgendwo sonst am Oberrhein bedeckt diese einjährige Pflanze so große Flächen, und ohnehin ist sie in der Bundesrepublik kaum noch zu finden. Dabei benötigt sie lediglich sommerwarmes und kalkarmes, nicht zu stark verschmutztes Wasser. In ständig durchströmten Gewässern kommt die Wassernuß nicht vor; die teilweise kräftige Strömung bei Hochwasser toleriert sie allerdings.

Im Herbst sinken die schweren, zwei- bis vierdornigen Früchte der Wassernüsse in den Schlamm des Gewässerbodens. Im folgenden Frühjahr keimen sie und wachsen zur Oberfläche empor, wo ihre Blätter interessante Muster auf dem Wasser bilden. Wasservögel fressen die Nüsse gern, und in schlechten Zeiten dienten die bizarren Früchte auch der menschlichen Ernährung.

Kolke und Feuchtgebiete auf Zeit

Im Informationszentrum im ehemaligen Hofgut Guntershausen steht ein beeindruckendes Exponat: ein maßstabsgetreues Landschaftsmodell von Kühkopf und Knoblochsaue und der näheren Umgebung. Im Ruhezustand zeigt das Modell den mittleren Wasserstand des Rheines. Auf Knopfdruck strömt mehr Wasser ein; das Hochwasser läuft als Spitzenhochwasser bis fast an die Kronen der Winterdeiche auf.
Dann sinkt der Wasserspiegel wieder. Hohe Geländeteile fallen schnell trocken. Überraschend zu sehen, wie lange sich das Wasser in Altarmen und Flutmulden hält.
Vom Strom abgeschnittene Altarme und Flutmulden können sich für Fische, Froschlaich und viele andere Arten als Fallen entpuppen, wenn sie vorzeitig austrocknen oder ihr Sauerstoffgehalt bei starkem Sonnenschein absackt. Dann finden Schwarzmilan,

Graureiher und Fuchs ein leckeres Mahl. Unter dem Strich leisten diese Feuchtgebiete aber einen großen Beitrag zur Vielfalt der Auen. Eine Fülle von Pflanzen und Tieren sind an solche, nur zeitweise vorhandenen Gewässer angepaßt.

Das Foto rechts zeigt einen Kolk, der 1983 an der Bruchstelle eines Sommerdeiches auf dem Kühkopf ausgespült wurde. Er trocknet nicht aus und bereichert das Mosaik der Auen-Lebensräume durch das Merkmal „Beständigkeit". In einigen solcher Weiher können Sie die Seerose entdecken. Diese Pflanze verträgt keine ausgeprägten Schwankungen des Wasserstandes und ist deshalb in den an die Wasserstände des Rheines gekoppelten Altrheinen nicht zu finden.
Die weiteren Fotos zeigen Moorfrosch, Ringelnatter und Heidelibelle.

Über allem der Schwarzmilan

In Erfelden oder Stockstadt fällt es schwer, den Schwarzmilan für einen seltenen Vogel zu halten. Vom Frühjahr bis in den Sommer hinein sind die großen Greife mit dem eleganten Flug ein alltäglicher Anblick im Naturschutzgebiet und in der Kulturlandschaft rundum.
Gegenwärtig liegt der Bestand im Europareservat bei etwa 35 Brutpaaren. Nirgendwo sonst in Mitteleuropa leben so viele Schwarzmilane so dicht beisammen wie hier!
Im März kehren die Schwarzmilane aus der Südhälfte Afrikas zurück. Die Paare bieten dann hoch in der Luft schöne Balzflüge. Ihre Horste bauen sie in der Hartholzaue, vorzugsweise auf alten Eichen. Gerne verzichten sie aber auf „Eigenbau" und beziehen statt dessen alte Nester anderer Großvögel.
Milane neigen zur Geselligkeit. Darauf weist schon das Foto rechts oben hin: Sieben Schwarzmilane haben sich im Abendlicht in einer kahlen Eiche versammelt. Auch kann

man diese Vögel fast als Koloniebrüter bezeichnen. Sie verteidigen nur einen sehr kleinen Bereich um ihren Horst und nisten oft in direkter Nachbarschaft mit Artgenossen, aber ebenfalls mit Rotmilanen, Graureihern und weiteren Arten. Merkwürdigerweise schmücken Schwarzmilane ihre Nester mit Lumpen, Lappen, Plastiktüten, Fellstücken, Gras und Laub. Die Jungvögel (rechts sehen Sie einen im Nest) werden Ende Juni/ Anfang Juli flügge, und bereits im August setzt der Abzug Richtung Süden ein. Denkt ein Vogelkundler an den Schwarzmilan, assoziiert er auch Ströme und Auen: Typisch für diesen Greifvogel ist nämlich sein weicher Suchflug über Flüssen und Altwässern. Seine Nahrung besteht zu einem großen Teil aus verletzten oder toten Fischen, die an der Oberfläche treiben.

Der Schwarzmilan ist der Wappenvogel des Naturschutzgebietes.

Schlammfluren: Wettlauf mit der Zeit

Unterhalb der Mittelwasserlinie bilden oft bis zu einem Meter dicke Schlammschichten den Gewässergrund. Sinkt der Wasserspiegel, so werden diese Flächen freigelegt; manchmal nur für kurze Zeit, manchmal für viele Wochen.
Auf solche Niedrigwasser warten die Samen einer Reihe einjähriger Pflanzen.
Die Arten der Schlammfluren sind in der Lage, ihren Lebenszyklus in kurzer Zeit zu vollenden. Innerhalb von drei Monaten keimen sie, wachsen auf, blühen und fruchten. Dauert die Trockenheit lange genug, so hat sich eine neue Generation fortgepflanzt.
Kommt das Wasser zu früh, lagern noch genügend Samen im Schlamm, um die nächste, übernächste oder eine spätere Gelegenheit nutzen zu können. Eine häufige Art der Schlammfluren ist die Rote Melde (oben), und auch der winzige Schlammling (rechts oben) bildet große Bestände.
Die beiden Pflanzenfotos dokumentieren verschiedene Auenböden: Eines zeigt kiesiges Substrat, das andere tonigen Boden. Der Kies wurde von noch strömenden Fluten abgesetzt, während die sehr feinen Ton- und Lehmteile aus fast stehendem Wasser auf den Grund gesunken sind.

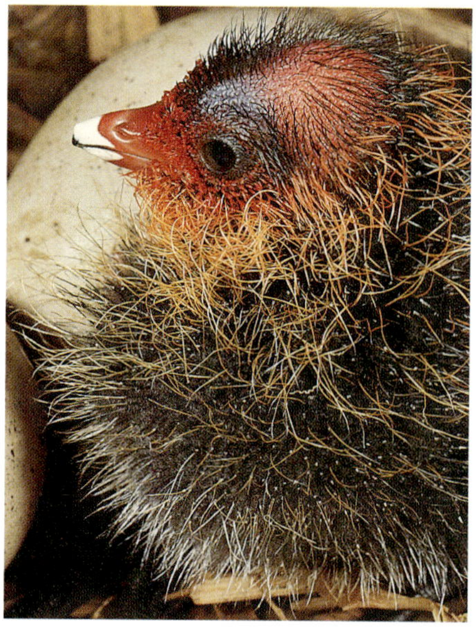

Röhrichte

Übergänge zwischen verschiedenen Lebensräumen sind in der Natur immer interessant, und dies gilt besonders für den Bereich zwischen Wasser und Land.
Das Foto oben rechts zeigt einen Blick von der Erfeldener Brücke Richtung Kisselwörth. Hier stehen Röhrichte aus Seggen (rechte Seite unten links), Rohrglanzgras und Schilf. Seggen und Rohrglanzgras stehen näher am Wasser, das Schilf auf etwas höheren Flächen. Das Röhricht ist eng verzahnt mit der Weichholzaue.
Am Fuße der Brücke quirlt im Frühjahr das Wasser, wenn die Wildkarpfen laichen. Aus dem Schilf singt unermüdlich der Teichrohrsänger (oben links), dem der Kuckuck gerne ein Ei unterjubelt (sperrender Jungkuckuck, neben dem Höckerschwan). Typisch für das Leben im Schilf ist auch die Bleßralle: Der

schwarze Vogel verdankt seinen Namen der weißen Blesse über dem Schnabel. Kaum zu glauben, daß der faszinierend farbige Kahlkopf daneben als frisch geschlüpfter Nachwuchs zur schlichten Ralle gehört. Schilf und Seggen unterdrücken weitgehend jede Konkurrenz. Stellenweise können sich trotzdem auch andere Pflanzenarten behaupten. Das Bild links unten zeigt den Bittersüßen Nachtschatten. Er steht vereinzelt auf sumpfigen Böden im Röhricht und zeigt Stickstoff an. Neben der Schwanenblume (rechts außen) sind stellenweise im Gelände auch Sumpf-Wolfsmilch, Blutweiderich und Gilbweiderich zu entdecken.

Suchbild

Die Zwergdommel ist unsere kleinste Reiherart und erreicht etwa die Grösse eines Eichelhähers. Der selten gewordene Vogel lebt versteckt in den Verlandungszonen von Teichen, Seen und Flüssen. Reglos lauert er in Schilf und Weidengebüsch auf Beute, um blitzschnell zuzupacken. Fische, Insekten und Larven, Frösche und Kaulquappen, Würmer, Schnecken und Jungvögel gehören zu seinem Nahrungsspektrum.
Das rechte Foto zeigt ein Zwergdommelmännchen. Das Weibchen ist brauner und unauffälliger gefärbt. Nahen Feinde, richten Zwergdommeln sich senkrecht auf und strecken den Schnabel hoch in die Luft. In dieser sogenannten Pfahlstellung sind sie im Röhricht hervorragend getarnt. Das obere Foto „zeigt" eine im Schilf versteckte Zwergdommel. Finden Sie sie? (Auflösung auf Seite 78)
Als Brutvogel ist die Zwergdommel gegenwärtig leider nicht mehr im Gebiet vertreten.

Die Weichholzaue

Im Bild oben links erläutert Frau Prof.Dr.Otte (Uni Gießen) Exkursionsteilnehmern die Zonierung des Auwaldes an einer Skizze, und rechts daneben finden Sie den entsprechen-den Landschaftsausschnitt mit der typischen Abfolge: Hinter dem Röhricht zieht sich ein schmaler Streifen silbrig glänzender Bäume entlang. Dort erstreckt sich die Weichholzaue vor der dunkleren und höheren Kulisse der Hartholzaue.
Einige Bilder dieser Doppelseite zeigen etwas, das in Deutschland sehr selten geworden ist: urwüchsige Natur. Das Hochformatfoto links dokumentiert eine Weichholzaue, die sich unbeeinflußt von mensch-

lichen Eingriffen entwickelt hat. Auch die ins Wasser gestürzte Silberweide oben ist ein Stück „Urnatur". Silberweiden sind die vorherrschende Baumart unserer Weichholzauen. Weichholzauen stehen auf Böden, die kaum die Mittelwasserlinie überragen. Die Wurzeln der Bäume stehen praktisch immer im Grundwasser; die Silberweide kann mehr als 200 Tage auf überflutetem Boden überdauern, ohne Schaden zu nehmen!
Der scheue Eisvogel ist ein seltener Bewohner des Naturschutzgebietes. Ihn einmal in Ruhe durch das Fernglas zu beobachten, ist ein echtes Erlebnis.

Rechts oben: Eine alte Silberweide an der Mittelwasserlinie. Der höhlenreiche Stamm des fast 30 m hohen Baumes bietet Spinnen, Käfern, Kleinvögeln und Fledermäusen Unterschlupf und Nahrung. Vielleicht hat auch ein Baummarder Quartier bezogen. Bei erhöhtem Wasserstand stehen Fische zwischen den Baumwurzeln.
Die Samen der Silberweiden keimen nur auf nassen Rohböden, also auf pflanzenfreien Flächen ohne Humus, und die Keimlinge vertragen keine längere Überflutung. Außerdem reifen die Weidensamen binnen weniger Tage und bleiben nicht lange vital.
Mit der Fortpflanzung tun sich die Silberweiden also schwer; geeignete Bedingungen treten auf dem Küh-

Die Silberweide

kopf höchsten einmal im Jahrzehnt und meist nur kleinflächig auf. Dann stehen die jungen Weiden aber auch dicht an dicht. Ziehen sie sich als schmales Band am Ufer entlang, wirken sie wie ein gepflanzter Saum. Das Foto links oben zeigt, daß Silberweiden eine große Zahl von Wasserwurzeln bilden. Noch deutlicher sind die Wurzeln im Schattenriß erkennbar.
Wird eine Weide bei strömendem Hochwasser abgebrochen, etwa bei Eisgang oder durch Treibholz, erhöhen die Wasserwurzeln ihre Chance, an anderer Stelle wieder Fuß zu fassen.
Hier wird es Zeit, noch einmal die Dynamik der Auen anzusprechen: Wir sahen bereits an vielen Beispielen, wie Hochwässer die große Vielfalt der Lebensräume und damit auch den Artenreichtum der Auen bewirken. Angesprochen wurde auch, daß das Wasser Böden abträgt, transportiert und anderswo ablagert, und daß die Strömungsgeschwindigkeit darüber bestimmt, wann und wo welche Korngrößen wieder zu Boden sinken.
Diese Materialtransporte und Bodenschichtungen spielen in den Auen eine große Rolle. Die Silberweide beispielsweise wäre als Charakterbaum der Weichholzaue nicht denkbar, wenn der Fluß nicht immer wieder Rohböden schaffen würde. Wegen der meist geringen Fließgeschwindigkeit werden im Bereich von Kühkopf und Knoblochsaue ganz überwiegend feinkörnige Materialien verfrachtet und abgelagert. Die Masse der Böden im Naturschutzgebiet sind als Auenlehm einzustufen; nur in wenigen Bereichen mit größerer Fließgeschwindigkeit finden sich Sandbänke aus gröberem Material.
Der Auenlehm wird durch eine Vielzahl von Kleinstlebewesen und Kleintieren belebt. Besonders im Auwald zeichnen sich die Böden durch große biologische Aktivität aus, und so entsteht ein ungemein fruchtbarer Boden.
Wann immer über Hochwässer geklagt wird: Den Fluten des Rheines sind die fruchtbaren Böden im Hessischen Ried und überhaupt in den Rheinauen zu verdanken.

Trotz der schwierigen Lebensbedingungen finden sich in der Weichholzaue etliche Pflanzen- und viele Tierarten. Stellvertretend für die Pflanzenwelt sehen Sie den Hühnerbiß, und von den zahlreichen Käfern ist der Weberbock abgebildet.
Am Kühkopf und in benachbarten Rheinauen beobachtete der Ornithologe Dr. Otto Kleinschmidt Weidenmeisen (im Bild mit Raupe), die sich anders verhielten als in der Fachliteratur beschrieben. Aufmerksam geworden, studierte er die Vögel viele Jahre lang und kam zum Ergebnis, daß die Weidenmeisen der Rheinauen als Angehörige einer vorher nicht beschriebenen Unterart Parus montanus rhenanus von anderen Weidenmeisenrassen unterschieden werden müßten. Heute zählt man die Weidenmeisen Westeuropas zu dieser Unterart; in Westdeutschland liegt die Ostgrenze ihrer Verbreitung. Als weitere Meisenart zeigt diese Doppelseite die Beutelmeise, die ihre hängenden Nester zu einem Großteil aus Weidensamen baut. Der Kleine Schillerfalter lebt überwiegend in den Wipfeln von Weiden und Pappeln. Zum Boden kommt er fast nur zum Trinken; zu sehen ist er deshalb meist an Wasserpfützen auf Waldwegen. Auf dem Foto ist seine eine Flügeloberseite blau, die andere dunkelbraun. Das Blau ist keine Eigenfarbe, sondern beruht auf einer bestimmten Anordnung von Flügelschuppen. In manchen Winkelstellungen reflektieren die Schuppen allein Wellenlängen der Farbe „Blau“.

Ästhetik des Grauens: Rechts eine vollkommen von Gespinstmotten eingesponnene Weide. Sie hat den „Überfall“ aber gut überstanden.

Hartholzaue: Dschungel in Deutschland

Kein anderer deutscher Wald ist reicher an Lianen oder Schlinggewächsen als die Hartholzaue, und nur selten findet man Wälder mit so üppiger Krautschicht und dichtem Unterholz. Der zum Licht drängende Jungwuchs wird von imposanten Bäumen von stattlichem Alter überragt, und zahlreich finden sich abgestorbene Stämme, die bislang noch immer der Schwerkraft und jedem Wetter trotzten oder die bereits umgebrochen sind. Blicken Sie hier geflutete Altarme entlang, dann werden Sie an tropische Galeriewälder denken; auf manche Art erinnern Teile der Hartholzaue des Kühkopf an den Dschungel.

Ganz oben links wuchern Moose und Gundermann auf einem gestürzten Pappelstamm. In der Bildzeile darunter sehen Sie einen Pilz namens „Holz-Keule“ und daneben das holzbewohnende Moos Mnium hornum. Am Fuße alter Eichen finden wir Europas größten Käfer, den bis zu siebeneinhalb Zentimeter großen Hirschkäfer. Er ernährt sich vom Saft der Bäume. Die Kiefer des Männchens sind zu gewaltigen Werkzeugen entwickelt, die an Geweihe erinnern und die es auch einsetzt, um mit Rivalen um Weibchen zu kämpfen.
Auch der Mittelspecht zeigt eine enge Bindung an alte Eichen in naturnahen Wäldern und ist deshalb eine charakteristische Art der Hartholzauen des Kühkopf.
Das große Bild zeigt deutlich die Grenzen des Vergleiches mit dem Dschungel: Trotz herabhängender Lianen wirkt der Wald hier nicht nur hell und „aufgeräumt“, sondern zu dieser Jahreszeit fast schon herausgeputzt. Sicher liegt das am flächig den Boden deckenden Bärlauch, der dem Kundigen verrät, daß das Foto in der höher gelegenen Hartholzaue aufgenommen wurde.

Fremdartiger wirkt dagegen wieder die Flutrinne auf der folgenden Doppelseite. Das frische Grün der Teichlinsen und Algen zeigt, daß die Rinne erst kurz zuvor trockengefallen ist.

Artenreiche Hartholzaue

Eine 1980 veröffentlichte Untersuchung gibt an, daß die tiefsten Flächen der Hartholzaue im Schnitt etwa 14 Tage pro Jahr überflutet werden und die höchsten jährlich nur zwei Tage. Das drei Monate dauernde Sommerhochwasser 1983 wäre demnach ein absoluter Ausreißer.
Andererseits waren im letzten Jahrhundert fünf Monate währende Überflutungen der tiefer gelegenen Hartholzauen angeblich keine Seltenheit.
Typische Bäume dieser Auwälder sind die Flatter- und Feldulme. Nirgendwo entwickeln sich diese Baumarten so gut wie in der tiefer gelegenen Hartholzaue. Zu den Ulmen gesellt sich als weiterer Charakterbaum die Stieleiche. Sie erträgt im langjährigen Mittel 95 Tage Überflutung pro Jahr, hat aber in der Spitze auch schon sieben Monate überstanden.
Unter den lichtdurchlässigen Kronen dieser Bäume gedeiht eine zweite Baumschicht aus kleinwüchsigen Arten. Typisch sind hier vor allem Wildapfel und Wildbirne. Darunter wächst eine reiche Strauchschicht aus Weißdorn, Hartriegel, Pfaffenhütchen, Holunder und Schneeball. Die Blätter der Kratzbeere leuchten

im November rot durch die Aue (Mitte rechts). Im Sommer bilden vor allem Große Brennessel, Gundelrebe und Kletten-Labkraut die Krautschicht.
Von den beliebten Frühlingsblühern der Hartholzauen findet sich auf den tiefer gelegenen Flächen nur das Scharbockskraut (links oben).
Wo im Frühling der Bärlauch, die Scilla (links oben mitte), die Hohe Schlüsselblume (rechts unten) oder das Busch-Windröschen Blütenteppiche bilden, da können Sie sicher sein, daß Sie in der höher gelegenen Hartholzaue stehen.
Hier bilden Heckenkirsche, Haselnuß und Liguster die Strauchschicht, und als dominierende Bäume treten neben Feldulme und Stieleiche Bergahorn und Gemeine Esche auf. Den urwaldähnlichen Eindruck der Waldränder prägt vor allem die Waldrebe; für Vielfalt sorgen weitere Schling- und Kletterpflanzen wie Hopfen, Bittersüß, Efeu und Zaunwicke.
In den Wipfeln der Hartholzaue horsten die großen Vögel des Gebietes. Der Horstbaum oben trägt einige der etwa 150 besetzten Reiherhorste. In alten Nestern von Greifvögeln, Elstern oder Rabenkrähen brütet manchmal auch die Waldohreule (links).

Wasser und Wald im Wandel

Seit dem Rheindurchstich ist der Wasserspiegel um etwa 1,3 Meter gesunken. Die Lebensräume haben sich dadurch um vier „Stockwerke" verschoben: Die Entwicklung führte vom Flußbett über die Uferzone und die Weichholzaue hin zur Hartholzaue.
Die mittleren Wasserstände und das Auf und Ab des Wassers beeinflussen die gesamte Pflanzen-und Tierwelt. Aber auch die Pflanzen und Tiere beeinflussen den Wasserhaushalt. Die Eiche rechts oben ist umgestürzt, weil das Wasser ihren Standort am Rand einer Flutrinne untergraben hat und der durchweichte Boden ihr nicht mehr genügend Halt geben konnte. Nun verändert der Baum die Strömungsverhältnisse. Künftig stößt auflaufendes Hochwasser auf ein Hindernis. Wo der Stamm das Wasser umleitet, wird ein Kolk ausgespült. Hinter dem Hindernis wird eine Sandbank entstehen. Der langsam vermodernde Stamm, der Kolk und die Sandbank sind Lebensräume für unterschiedliche Pflanzen und Tiere. Fachleute nennen diese Stelle einen „Sonderstandort". Situationen wie diese tragen ihren Anteil bei zu einem kleinräumigen Mosaik von Lebensbedingungen, die die Auen so reich machen an Naturbegegnungen, an Farben und Formen, an Geräuschen und Düften.

So jung es auch ist: Das Bild oben ist ein historisches Dokument. Es wurde 1996 in der Knoblochsaue aufgenommen, zwischen Altrhein und Sommerdeich, und es erzählt eine Geschichte, die vor dem Rheindurchstich beginnt und bis in die Zukunft reicht.
Einst lag die gezeigte Fläche im Flußbett des Rheines. Nach dem Durchstich sank der Wasserspiegel; bei Mittelwasser verlief hier nun die Uferlinie. Zeugen aus jener Zeit sind die beiden abgestorbenen Kopfweiden links und rechts von Buchstabe A. Zusammen mit zahllosen weiteren Weidenruten wurden sie als Stecklinge in den Uferschlamm gedrückt, um die Verlandung zu beschleunigen und auch, um sie als Kopfbäume zu nutzen.

Anfangs standen die Weiden hier also auf dem Niveau der Weichholzaue. Der begradigte Rhein aber grub sich immer tiefer in das Land. Zwischen den nicht mehr genutzten und überalterten Kopfweiden wurden in unserem Jahrhundert Hybridpappeln gepflanzt.
Der Schneeball-Strauch im Foto zeigt, daß die Standortverhältnisse inzwischen einer Hartholzaue entsprechen.
Hinter den alten Kopfweiden sehen Sie bei Buchstabe B ein kleines Bäumchen. Es handelt sich um eine Eiche, die von der Forstverwaltung gepflanzt wurde. Zusammen mit vielen anderen jungen Bäumen steht sie für eine naturschutzorientierte Forstwirtschaft: Eines Tages soll hier ein prächtiger, naturnaher Hartholz-Auwald stehen.

Zu den Düften im Wald gehört auch der von Pilzen, Humus und vermoderndem Holz. Der erdige Geruch erinnert an den allgegenwärtigen Zyklus von Werden und Vergehen. Zum Glück verbreitet sich zunehmend die Erkenntnis, daß der aufgeräumte und intensiv genutzte Wald ohne Totholz ein armseliger und unvollständiger Wald ist; daß totes Holz im Wald dazugehört.
Am Abbau abgestorbener Pflanzen ist eine riesige Zahl von Kleinlebewesen beteiligt, und gerade die Böden der Hartholzaue stecken voller Leben. Zersetzer, die ins Auge springen, sind die Baumpilze. Sie kommen im Auwald in großer Artenfülle vor.
Wie lange liegt ein gefallener Baumstamm, bis er nicht mehr zu erkennen ist? Weichhölzer wie die Weiden sind in wenigen Jahren verschwunden, während Eichen mehr als 100 Jahre sichtbar bleiben können.

Waldentwicklung im Schutzgebiet

An vielen Stellen wirken die Wälder des Kühkopf urtümlich und urwaldhaft. Aber der Eindruck täuscht: Auch dort sind bei genauerem Hinschauen fast ausnahmslos frühere menschliche Eingriffe feststellbar.
Im Lauf der Jahrhunderte haben wir Menschen die Auenwälder geformt. Entsprechend den jeweiligen Nutzungsbedürfnissen unterscheiden sich die Wälder, die wir heute vorfinden.
Zu den sehr naturnahen Auenwäldern, die dem Entwicklungsziel eines Urwaldes schon sehr nahe kommen, gehören die echten Weichholzauen wie auch die reifen Hartholzauenwälder aus Eichen, Ulmen, Eschen, Wildapfel und Wildbirne und einer reichen Strauch- und Krautflora.
Andererseits finden sich auch Nadelwälder und monotone Anbauten gezüchteter Pappelsorten. Hier wurden die Waldstrukturen einseitig gegen die natürlichen Entwicklungsbedingungen verändert.
In der novellierten Schutzverordnung von 1969 wurde festgelegt, daß forstliche Maßnahmen nur zulässig sind, „soweit sie dem Schutz und der Erhaltung des Gebietes dienen“.
Seitdem spielt die Erwirtschaftung von Erträgen als Zielsetzung der Waldwirtschaft keine Rolle mehr. Vielmehr dient der Waldbau ausschließlich der Erhaltung oder Entwicklung naturnaher Auenwälder: Wo der Wald dem Idealbild eines Auen-Urwaldes bereits nahekommt, unterbleibt jeder forstliche Eingriff. Herausragendes Beispiel ist das Karlswörth auf dem Kühkopf. Hier durfte sich die Natur seit mindestens 1970 völlig ungelenkt entwickeln.

Mit der Ausweisung als Naturwaldreservat ist zudem gesichert, daß die langfristigen Änderungen der Waldstruktur durch die dynamischen Wachstumsprozesse im Auwald wissenschaftlich dokumentiert werden. Hierdurch werden Erkenntnisse für die Entwicklung und Behandlung von Auwäldern gewonnen.
Andererseits finden sich im Schutzgebiet auch Bereiche, die aufgrund früherer forstlicher Bewirtschaftung mit naturnahem Auwald nichts gemein haben. Hier setzen verhältnismäßig intensive Maßnahmen zur Überführung in naturnahe Strukturen an. So wird in monotonen Pappelforsten ein Teil der Bäume entnommen und dadurch der Bestand aufgelichtet. Um einer neuen Waldgeneration den Start zu erleichtern, werden im Schutz der verbleibenden Pappeln Eichen, Ulmen, Wildapfel und Wildbirne gepflanzt. Andere Baum- und Straucharten gesellen sich aus natürlicher Verjüngung hinzu. In 100 Jahren wird sich ein artenreiches Auenwaldbiotop entfaltet haben.

Gepflanzt werden übrigens nur junge Bäume, die vom Kühkopf stammen. Sie wurden aus im Naturschutzgebiet geerntetem Samen gezogen. Damit wachsen nur Pflanzen nach, die an die besonderen Bedingungen der Aue angepaßt sind.
Diese Strategie ermöglicht die Entstehung eines großen Auen-Urwaldes im Naturschutzgebiet, in den der Mensch fast nicht mehr eingreift. Leider wird eine völlig ungelenkte Entwicklung auch später nicht möglich sein. Solange Luchs und Wolf nicht in die Rheinebene zurückkehren, solange wird die Jagd auf das Rehwild nötig sein, um Naturwald zu ermöglichen.
Das Foto links verdeutlicht den Einfluß von Rehen auf den Wald. Es wurde 1992 auf dem Kühkopf aufgenommen. Beachten Sie den Eschen-Nachwuchs: In der abgezäunten Probefläche stehen die jungen Bäumchen dicht an dicht und meterhoch. Außerhalb des Gatters stehen deutlich weniger junge Eschen, und durch ständigen Verbiß sind sie auch niedriger.
Der Aufwuchs aus Naturverjüngung wird durch Rehe also behindert. Schlimmer ist, daß Rehe manche Arten bevorzugen. Zu ihren Lieblingsspeisen gehören beispielsweise Eichen und Pfaffenhütchen. Werden die Rehe zu zahlreich, wachsen im Schutzgebiet kaum noch junge Eichen auf. Verschwinden würden in der Folge nicht nur Hunderte von Insekten-, Käfer- und Schmetterlingsarten, die auf die Eichen angewiesen sind. Als Charakterart der Hartholzaue bestimmt die Eiche als hoher Baum mit lichter Krone den gesamten Aufbau des Auwaldes wesentlich mit.
Jagd auf Rehe ist also nötig. Dabei geht es aber lediglich darum, ihre Zahl zu begrenzen.
Besucher des Kühkopf werden auch künftig den Anblick von Rehen in der Aue genießen können.

Strom in der Zwangsjacke

„Weil der Fluß um so schneller wird und den Damm und den Grund um so mehr zernagt und zerstört, je gerader er ist, deshalb ist es nötig, solche Flüsse entweder stark zu verbreitern oder sie durch viele Windungen zu schicken oder sie in viele Zweige zu teilen."

Leonardo da Vinci
Maler und Ingenieur
1452 bis 1519

Seit sich unsere Vorfahren in die Rheinebene gewagt haben, waren sie bemüht, die für sie negativen Auswirkungen schwankender Wasserstände und sich verlagernder Flußläufe zu beseitigen und den Strom ihren Bedürfnissen anzupassen.
Schon früh wurde mit dem Bau erster Deiche begonnen, und bereits im 14.Jahrhundert ließ Kurfürst Ruprecht II. bei Germersheim eine Rheinregulierung durchführen. Bis ins 19.Jh. verhinderte allerdings die Kleinstaaterei größere Änderungen der Flußlandschaft.
Wenn über den Umbau des Oberrheines gesprochen wird, dann fällt der Name Johann Gottfried Tulla. Der badische Flußbaumeister war nicht nur der „Kopf", der die technischen Fragen einer Rheinregulierung löste, sondern auch der von seinem Ziel überzeugte „Macher", der die badische Regierung und den Großherzog von Hessen für seine Ziele gewann. Nach seinen Plänen wurde der Oberrhein zwischen 1817 und 1874 rigoros begradigt und um 82 Kilometer verkürzt. Diese erste Phase wird als „Rheinkorrektion" oder „Rektifikation" bezeichnet.
Wie gewünscht, grub der begradigte, nun schneller fließende Strom sein Flußbett tiefer in die Landschaft ein. Durch Ablagerung von Sedimenten entstanden aber immer wieder Untiefen, die die Schiffahrt erschwerten. Das Ziel einer zweiten, „Rheinregulierung" genannten Phase des Strombaues lautete deshalb, den Rhein als Schiffahrtsstraße auszubauen. Durch Buhnen und Leitwerke wurden sein Abflußquerschnitt eingeengt und die Sohlenerosion so gesteuert, daß auch bei Niedrigwasser eine kontinuierliche Wassertiefe von zwei Metern und eine Fahrwasserbreite von etwa 80 bis 100 m erreicht wurden. Seit 1939 ist Basel für moderne Frachtschiffe ganzjährig über die Rheinwasserstraße mit der Nordsee verbunden.
Eine dritte Phase wird „moderner Rheinausbau" genannt. Sie diente dazu, den südlichen Oberrhein als Energiequelle zu nutzen. Im Zuge dieses Ausbaues entstanden zwischen 1932 und 1977 zehn Staustufen und Kraftwerke am südlichen Oberrhein zwischen Basel und Iffezheim, auf einer Strecke von 160 Flußkilometern. Dabei wurde die Stromlandschaft völlig technisiert.
Vor 1955 lagen am Rhein zwischen Basel und Iffezheim 220 Quadratkilometer Überschwemmungsflächen. Davon waren nach dem Ausbau 1977 noch 90 qkm übrig. Der Verlust von 130 qkm Überschwemmungsfläche erhöhte die Hochwassergefahr für die Unterlieger am nördlichen Oberrhein drastisch: Hochwässer, die im Ausbauzustand des südlichen Oberrheines von 1955 einem 200-jährlichen Ereignis entsprachen, werden heute alle 50 Jahre erwartet.
Ab Ludwigshafen macht sich auch noch eine weitere Auswirkung des modernen Rheinausbaues bemerkbar: Zwischen Basel und Worms benötigt der Rhein heute durchschnittlich nur noch 59 Stunden; 1955 waren es noch 99. Die Beschleunigung des Rheines hat die Wahrscheinlichkeit erhöht, daß Hochwässer von Rhein und Neckar zusammentreffen.
Am 6.Dezember 1982 wurde ein deutsch-französisches Abkommen geschlossen. Der darin festgelegte Maßnahmenkatalog dient dem Ziel, den Rheinhochwasserschutz wiederherzustellen, der vor dem Oberrheinausbau bestand.
Das Abkommen sieht vor, in Rheinland-Pfalz, Baden-Württemberg und im Elsaß Überflutungsräume zu schaffen, die 212 Millionen Kubikmeter Wasser fassen. Bis 1995 wurden davon lediglich für 80 Millionen Kubikmeter Räume bereitgestellt.
Das Hochwasser vom Dezember 1993 hat daran erinnert, daß dringender Handlungsbedarf besteht.
Unter dem Strich schneiden Dämme heute in der südlichen Oberrheinniederung etwa 90% der ursprünglichen Auen von Überflutungen ab. Die übriggebliebenen 10% Rheinaue sind durch Folgen der Rheinregulierungen und durch intensive Nutzungen so stark verändert, daß in der einst typischen Ausprägung und Qualität höchstens ein Prozent der ehemaligen Auen-Lebensräume übrig geblieben sind.
In der nördlichen Oberrheinniederung (sie erstreckt sich etwa von Rastatt bis Bingen) gibt es keine Stauwerke. Trotzdem wurde die ursprüngliche Auenlandschaft in kaum vorstellbarem Ausmaß verändert.
Statt Sie mit weiteren Zahlen zu fordern, sei hier auf die Landkarten verwiesen: Die Karte auf Seite 79 zeigt den Rhein zwischen Mannheim und Wiesbaden. Sie macht deutlich, wie groß der durch Hauptdeiche vom Strom abgeschnittene Teil der ehemaligen Rheinaue ist. Sie verdeutlicht zugleich, wie wenige naturnahe, ökologisch wertvolle Auenlebensräume übriggeblieben sind.
Auf ganz andere Art zeigt die historische Rheinkarte von 1794 auf Seite 9 die Änderungen. Diese Karte veranschaulicht, wie der Rhein vor den Korrektionen und Regulierungen aussah.
Wenn Sie sich in diese Karten vertiefen und gleichzeitig die heutige Landschaft vor Ihrem Inneren Auge Revue passieren lassen, dann wird offenkundig, warum bereits viele auentypische Arten verschwunden sind.
Vor nicht allzulanger Zeit lebten hier Otter und Biber.

Wesentlich zur Beeinträchtigung der noch vorhandenen Auen-Lebensräume trägt die Eintiefung des Rheinbettes bei. Flußbegradigung und Buhnenbau haben dazu geführt, daß der Rhein sich im hessisch/ rheinland-pfälzischen Stromabschnitt seit Beginn der Rheinkorrekturen im Durchschnitt um 1,5 bis 2,0 m tiefer eingegraben hat. Diese Tiefenerosion schreitet immer noch voran.
Zusammen mit dem Rhein ist auch der stromnahe Grundwasserspiegel gesunken.
Was dem Rhein widerfuhr, das wurde im Kleinen genauso seinen Nebenflüssen, überhaupt den meisten Fließgewässern in seinem Einzugsgebiet angetan. Beschleunigt wurde nicht nur die Abflußgeschwindigkeit der zu „Vorflutern" degradierten Bäche und Flüsse. Von Dächern und versiegelten Böden landauf, landab wird Regenwasser heute schnellstens „aus der Welt geschafft", indem es in die Kanalisation und damit in den nächsten Bach geleitet wird.
Eine wichtige Forderung lautet deshalb, die Versiegelung der Landschaft zu beenden und möglichst viel Wasser vor Ort versickern zu lassen. Vor allem in den Mittelgebirgen ist auch der Wald ein wesentlicher Faktor, das Wasser in der Landschaft zu halten.
Ein vernünftigerer Umgang mit den Niederschlägen und den Feuchtgebieten im Einzugsbereich des Rheines kann vielen Hochwässern die Spitze nehmen. Und doch sind Situationen denkbar, in denen Hochwässer auch künftig zur Gefahr werden. „Brenzlig" wird es, wenn folgende Bedingungen zusammentreffen:

- Nach wochenlangem Frost sind die Böden im Einzugsgebiet des Rheines großflächig gefroren und können deshalb kein Wasser aufnehmen.
- Dann fällt ausgiebig Schnee.
- Danach wird es wärmer, der Schnee schmilzt und zusätzlich fällt sehr viel Regen.

In dieser Situation helfen nur noch große, unverbaute Überschwemmungsflächen. Auch heute besteht durchaus die Möglichkeit, in siedlungsfreien Bereichen die Winterdeiche zurückzulegen, die Zwangsjacke des Stromes zu lockern und ihm ein besser sitzendes Kostüm zu schneidern.
Leider nimmt bei den Betroffenen das Verständnis für die Zusammenhänge nach einem Katastrophenhochwasser meist schnell wieder ab, und genauso schnell erlahmt der Gestaltungswille bei vielen Verantwortlichen. Es wäre gut, würden vor allem die Defizite in der vertraglich verabredeten Schaffung von Ersatz-Retentionsräumen schneller abgearbeitet.

Das Luftbild zeigt die Krönkesinsel, den Altrhein (links) und den Krönkesarm (rechts). Gemächlich breitet sich das Wasser in den Wiesen aus und nimmt dem Hochwasser im Flußbett die Spitze.

Die Qualität des Rheinwassers

Etwa 1970 durchlitt der Rhein seinen ökologischenTiefpunkt. Durch den Ausbau in die Zwangsjacke gesteckt, wurde er damals zusätzlich mit grossen Mengen von Nährstoffen, Schwermetallen und anderen Schadstoffen vollgepumpt. Der einst so ungestüm-lebendige Strom befand sich so offenkundig in einem miserablen Zustand, daß notwendige und kurzfristig auch teure Sanierungsmaßnahmen politisch durchgesetzt werden konnten.

Seitdem haben Kommunen und Unternehmen zahlreiche Kläranlagen gebaut und modernisiert, und in der Folge hat sich die Qualität des Rheinwassers deutlich gebessert:

Kläranlagen halten gewaltige Mengen Phosphor und Stickstoff zurück und führen dem Strom relativ sauberes Wasser zu.

Auch die Belastung durch Schwermetalle wurde enorm reduziert. Bei mittleren Wasserständen liegt die Schwermetallfracht des Rheines nur unwesentlich über seiner natürlichen Belastung!

Der Sauerstoffgehalt im Rhein verdient derzeit die Note „Befriedigend“. Trotz dieser positiven Entwicklung gilt leider ebenso: Noch immer wird „Patient Rhein“ überernährt. Zu viele Nährstoffe gelangen aus landwirtschaftlich genutzten Flächen in die Flüsse. Auch Schornsteine und Auspufftöpfe erweisen sich als Nährstoffbomben, die das gesamte Land überdüngen.

Bei Hochwasser springt stellenweise auch die Schwermetallbelastung des Wassers wieder in erschreckende Höhen: Die Fluten haben dann Schlammschichten aufgewirbelt, in denen sich Jahrzehnte zuvor Schadstoffe abgelagert haben.

Angesichts der Vielzahl von Stoffen, die wir herstellen und in die Umwelt einbringen, ist eine genaue Beurteilung der Wasserqualität kaum möglich. Es gibt zu denken, daß sich im Rhein, oft noch weit unterhalb von Abwasser-Einleitungen, stellenweise mißgebildete Schwämme und Zuckmückenlarven finden und auch bei Fischen und Muscheln periodisch Mißbildungen auftreten. Das periodische Auftreten zeigt, daß immer einmal wieder kurzfristig giftige Substanzen eingeleitet werden.

Immerhin: Im Rhein leben heute wieder 44 Fischarten. Das sind fast so viele wie vor Beginn der großen Eingriffe. Damals waren 47 Arten bekannt.

Allerdings stellen 5% der Fischarten 80% der Individuen. Die meisten Arten sind also sehr selten. Häufig sind eigentlich nur einige anspruchslose Weißfischarten wie das Rotauge.

Auch die folgende Nachricht ist typisch für den gegenwärtigen Zustand des Rheinwassers: Im Rhein gefangene Aale sind wieder für menschlichen Verzehr geeignet. Aufgrund noch erhöhter PCB- und HCB-Werte sollten sie aber nur in begrenzter Menge genossen werden.

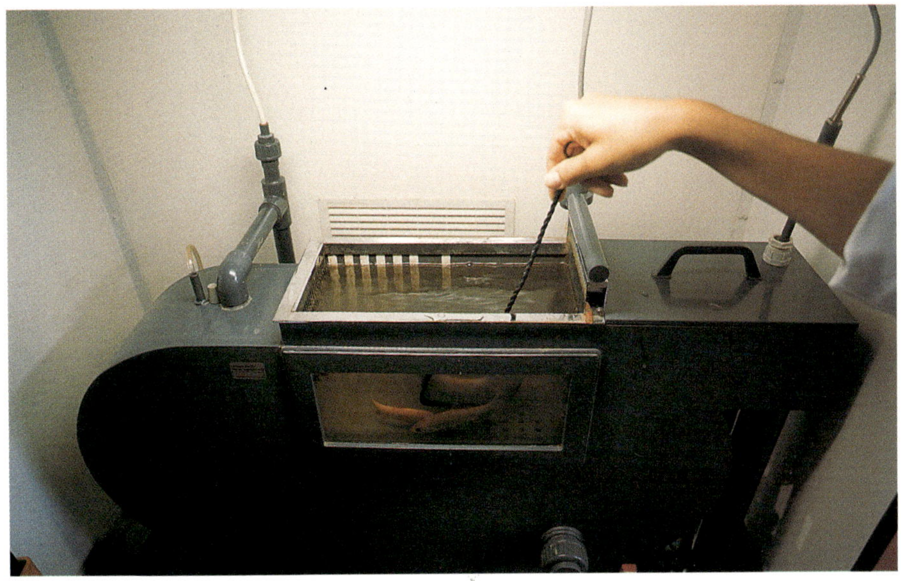

„Ja, aber ...“ Diese Redewendung ist fast unvermeidbar, geht es um die Wasserqualität im Rhein:
Das Wasser im Rhein wird immer besser; es darf nur keine neue Katastrophe geschehen!
Rund um die Uhr wird das Rheinwasser kontrolliert. Das obere Foto stammt aus der Wasserkontrollstation Rhein-Süd in Bad Honnef. Flußwasser wird durch ein Aquarium mit Fischen geleitet, deren Gesundheitszustand ständig überprüft wird. Als „Testobjekt“ wollte sich der damalige Bundesumweltminister Prof. Dr. Klaus Töpfer (CDU) bestimmt nicht verstanden wissen, als er am 14.September 1988 bei Mainz durch den Rhein schwamm. Auch war es ein Zufall, daß er direkt im Anschluß an seinen Messebesuch auf der „Entsorga 88“ in den Rhein sprang. Vielmehr löste Töpfer eine drei Jahre alte Wettschuld gegenüber dem SPD-Bundestagsabgeordneten Rudolf Franzmann ein.

Bevor er in die Fluten tauchte, warnte er vor unbedachter Nachahmung und betonte, er „fühle sich wie jemand, der eine dumme Idee hatte und diese nun in die Tat umsetzt“. Allerdings sei es sein Ziel, daß die deutschen Flüsse eines Tages wieder sauber genug wären, in ihnen zu baden. Töpfer fügte hinzu, er wolle mit seiner Aktion auch auf die Notwendigkeit einer weiteren Verbesserung der Wasserqualität hinweisen. Obwohl das Wasser an diesem Tag mit 20°C recht warm war, durchschwamm Töpfer den Fluß im Taucheranzug. Er schaffte die 500 m in einer Viertelstunde.

Testfische im Aquarium; ständige Untersuchungen bezüglich Schwermetallfrachten, Sauerstoffgehalt und Nährstoffbelastung; Diskussionen über Grenzwerte. Schadstoffe, die man nicht sehen und riechen kann, die sich über lange Zeit summieren und erst viel später auswirken: solche Stoffe rauben uns auch die Unbefangenheit im Umgang mit unserer Umwelt.
Das 1932 entstandene Foto der Erfeldener Berufsfischer Ludwig Roth, Michel Schaffner, Valentin Roth und Heinrich Roth (von links) spricht auch deshalb an, weil es diese Unbefangenheit symbolisiert.

Das Hessische Ried

Hessisches Ried, das bedeutet „Hessisches Schilf". Ein Gebiet in Hessen also, für das Röhrichte und Seggenrieder typisch sind; eine Region, in der das Grundwasser bis (fast) an die Bodenoberfläche reicht. Ein hessisches Feuchtgebiet, und ein sehr großes dazu: Immerhin erstreckt es sich vom Main das Rheintal südwärts bis zur Grenze Baden-Württembergs. Im Westen bilden der Rhein bzw. das Land Rheinland-Pfalz die Grenze, im Osten die Bergstraße oder die alte Bundesstraße 3.
Allerdings darf man den Namen nicht zu ernst nehmen. Das Hessische Ried war auch früher nicht durchgängig feucht. Immerhin überragt eine an die Rheinniederung angrenzende Terrassenebene die ehemalige Rheinaue deutlich. Diese aus Flugsand- und Dünengebieten bestehende Terrassenebene bedeckt sogar den größeren Teil des Hessischen Riedes. Eingebettet in dieses Hochgestade floß einst der Neckar nordwärts parallel zum Rhein, in den er erst zwischen Astheim und Ginsheim mündete.
Festzuhalten bleibt, daß das Hessische Ried noch vor wenigen Jahrzehnten in weiten Teilen durch hohe Grundwasserstände charakterisiert war und daß seine Grundwasservorräte unerschöpflich schienen.
Klimatisch gehört das Ried zu den trockensten und wärmsten Gebieten in Hessen und in Deutschland. Die Vegetationszeit (Zahl der Tage mit mindestens 10°C) beträgt mindestens 180 Tage; Niederschläge fallen vor allem im Sommer.
Abgesehen von den Sandböden der Niederterrasse, ist das Land zudem ungemein fruchtbar: In der Stromniederung hat der Rhein Auenlehm und -ton hinterlassen, der reich ist an Mineralien und organischen Stoffen. Beste Schwemmlandböden finden sich auch im ehemaligen Flußbett des Neckar und in den Bachtälern der Schwarzbachniederung beim Mönchbruch.
Angesichts der ausgezeichneten Böden und der günstigen klimatischen

Bedingungen ist verständlich, daß unsere Vorfahren schon früh das Land entwässern und als Acker nutzen wollten - und dies auch nach Kräften betrieben.
Die Tieferlegung des Rheines bewirkte in Flußnähe sinkende Grundwasserspiegel und erleichterte die Entwässerung vieler Flächen. Bezogen auf das gesamte Ried, wirkte sich der niedrigere Rheinspiegel allerdings nicht nennenswert aus.
Etwa um 1960 entsprachen die Grundwasserspiegel im Hessischen Ried noch weitgehend einem naturnahen Zustand. Bis Mitte der 60er Jahre wurden jedoch neue Großwasserwerke gebaut. Sie dienten der überörtlichen Trinkwasserversorgung des Ballungsgebietes Rhein-Main. In den Folgejahren erreichten diese Wasserwerke ihre maximale Förderleistung, so daß das Grundwasser dramatisch absank. Die Absenkung erfolgte nicht gleichmäßig im gesamten Ried. Wegen der sandigen, durchlässigen Böden entstanden vielmehr rund um die Tiefenbrunnen kegelförmige Grundwassersenkungsbereiche.Weiher und Baggerseen, die plötzlich trockenfielen; durch Bodensackungen entstehende Risse in Hauswänden; flächenhaftes Absterben der Wälder: Solche Meldungen gingen in den achtziger Jahren bundesweit durch die Presse. Das gesamte Ausmaß der Landschaftsveränderungen wird aber erst nach und nach offenkundig, weil sich viele Auswirkungen der sinkenden Grundwasserspiegel erst nach langer Zeit bemerkbar machen.
Außerdem sind Zusammenhänge in der Natur nicht immer leicht festzustellen. Ein Beispiel:
Das warme, trockene Klima im Oberrheingraben begünstigt den Maikäfer. Früher verhinderten die hohen Grundwasserstände im Ried häufig seine Massenvermehrung: In nassen Wintern mit besonders hohem Grundwasserstand konnten die Engerlinge dem Frost nicht in tiefere Bodenschichten ausweichen. Seit sie vermehrt die Winter überstehen, fallen Kulturen von Eiche, Buche und inzwischen auch Kiefer großflächig aus, weil der Maikäfer-Nachwuchs zu viele Feinwurzeln frißt.
Solche, spezifisch auf sinkendes Grundwasser rückführbare Ursachen gesellen sich zu all den anderen Belastungen, denen unsere Wälder ausgesetzt sind. Wen wundert es da, daß der Wald im Hessischen Ried deutlich stärker geschädigt ist als der hessische Wald insgesamt?
Krankmachende Faktoren setzen Abwärtsspiralen in Gang: Vor allem in trockenen Jahren geschwächt, leiden die Wälder im Hessischen Ried stärker als früher unter Eichen-Wicklern, Frostspannern und Schwammspinnern, um nur einige „Schadinsekten“ zu nennen. Auch die Orkane von 1990 richteten in den Wäldern der Rhein-Main-Ebene besonders schwere Schäden an.
Ist der Wald erst einmal licht geworden, breitet sich am Boden das Waldreitgras aus. Sein dichtes Wurzelwerk behindert die natürliche Waldverjüngung. Daneben verbraucht das Gras viel kostbar gewordenes Regenwasser. Leider verschmäht das Wild das Waldreitgras, so daß es sich als ernstes Problem entpuppt; ein Problem, das als Folge geschwächten Waldes entsteht und die Situation dann weiter verschärft.
Betroffen von den dramatischen Grundwasserspiegelsenkungen im Ried sind vor allem die Laubwälder, die auf frische oder gar feuchte Böden angewiesen sind oder die zumindest auf ihrem Standort eine zusätzliche Wasserversorgung aus dem Grundwasser benötigen.
Geschädigt oder zerstört werden daneben all jene Lebensraum-Typen, die hohen Grundwasserstand anzeigen, wie Röhrichte, Niedermoore, Naß- und Feuchtwiesen. Wo sogar traditionelle Badegewässer und Baggerseen infolge Grundwasserabsenkung austrocknen, da haben natürliche oder naturnahe Feuchtgebiete keine Chance mehr. Was nützt es, wenn sie zwar als Naturschutzgebiete ausgewiesen sind, aber nicht vor Austrocknung bewahrt werden?
Kaum ein Feuchtgebiet im Hessischen Ried, das noch über sein gesamtes früheres Arteninventar verfügt. Der Verfall verläuft manchmal rasend schnell. In austrocknenden Niedermooren mineralisieren Torfböden in kurzer Zeit; Böden, die Jahrhunderte oder Jahrtausende brauchten, um heranzuwachsen.
Wo noch intakte oder zumindest weitgehend typische Feuchtgebiete und grundwasserbeeinflußte Wälder erhalten sind, da gilt es, jede weitere Absenkung des Grundwasserspiegels zu unterbinden.
Die bereits eingetretene Situation ist allerdings viel zu schlimm, als daß man sie hinnehmen könnte. Deshalb ist es nötig, in zahlreichen Flächen die Entnahmemengen zu drosseln und die Grundwasserstände wieder zu erhöhen.
Geschieht das nicht, so wird es dem Hessischen Ried ergehen wie all den Gasthäusern und Straßen, bei denen nur noch der Name an eine alte Eiche oder Linde oder an eine schöne Aussicht erinnert. Es ist wenig genug, was von der ehemals typischen Riedlandschaft übriggeblieben ist, und dieses Wenige gehört zum Besten, das das Ried uns zu bieten hat.
Die Bachtäler der Schwarzbachniederung, der Mönchbruch und die Auwaldreste am Rhein gehören zu den beliebtesten Naherholungs- und Ausflugszielen im Ballungsraum, und auch zahlreiche noch wasserführende Badeteiche gehören zur herkömmlichen Riedlandschaft.
Die intensiv genutzten Ackerflächen und Sonderkulturen sind im Normalfall nicht so attraktiv, wie uns das Foto suggeriert.
Eine reizvolle Landschaft, die sich ihre natürlichen Eigenheiten wenigstens noch stellenweise bewahren konnte, deren typisches Erscheinungsbild noch erlebbar ist: Eine solche Landschaft stiftet Heimatgefühl und Identifikation mit den eigenen Wurzeln. Im Hessischen Ried erfordert dies, daß Wurzeln noch an möglichst vielen Stellen das Grundwasser erreichen können.

Landschaft aus Menschenhand: Kopfbäume

In jedem Stadium ihrer Nutzung wirken sie anders:
Frisch geschneitelt, scheinen sie für alle Zeiten verschandelt. Schon ein Jahr später zeigen sie ihre ungeheure Vitalität und strotzen von meterlangen, geschmeidigen Ruten. Acht Jahre weiter, und sie sprechen an durch klare, grafische Form und Ordnung. Jahrzehntelang ungenutzt, brechen ihre Köpfe unter der Last starker Äste auseinander und bilden dann oft eine wahre Wildnis, die an ein frisch begonnenes Mikado-Spiel erinnert.
Das Foto links wurde 1919 aufgenommen. Es zeigt Peter Kappel aus Erfelden, den letzten hauptberuflichen Korbmacher im Ort. Zum Flechten nutzte er einjährige Triebe der Kopfbäume. Vorrangig arbeitete er aber mit Ruten spezieller Weidenbüsche, die er selbst pflanzte und pflegte.
Bestimmt fiel es Peter Kappel nicht leicht, seine Familie wirtschaftlich über Wasser zu halten. Noch mühsamer war die Arbeit der Wellenmacher. Sie arbeiteten im Sommerhalbjahr als Landarbeiter auf den Bauernhöfen der Umgebung. Von November bis März gab es dort nichts zu tun; in dieser Zeit verdingten sie sich, Weidenbäume zu köpfen und das Oberholz zu Brennholz-Bündeln zu verarbeiten.
Die Arbeit des Wellenmachers:
Auf einer kurzen Leiter stehend, schlug er mit der „Heeb" (Haumesser) die sechs- bis achtjährigen Weidenäste so dicht wie möglich über dem Weidenkopf ab.

Dann kürzte er die etwa vier bis fünf Meter langen Wellenstangen auf 1,65 m. Mit einer einjährigen Weidenrute (Wide) band er Reisig und runde Holzscheite (Bengel) zu einer Welle zusammen. Der Umfang der Welle mußte 68 Zentimeter betragen. Gute Wellenmacher schafften 125 Wellen am Tag; im Jahr 1925 wurden für 100 Wellen 4,30 Reichsmark gezahlt. Zur harten Arbeit kamen die weiten Wege. Wurden besonders abgelegene Weidenbestände bearbeitet, brauchten die Wellenmacher aus Erfelden täglich zweieinhalb Stunden für Hin- und Rückweg.

Ab 1925 wurden keine Wellen mehr für den öffentlichen Verkauf geschlagen. Wer Brennholz brauchte, konnte sich das Nutzungsrecht an jeweils sechs bis acht Kopfbäumen öffentlich ersteigern.

Mit abnehmender Nachfrage blieben immer mehr Weiden ungenutzt; die Bäume überalterten und brachen auseinander. Es ist erstaunlich, wie viele Kopfweiden im Schutzgebiet die Jahrzehnte überlebt haben: Es sind circa 30.000 Bäume auf einer Fläche von 150 Hektar.

Heute gehört der Rückschnitt der Kopfweiden zu den zahlreichen Pflegemaßnahmen im Naturschutzgebiet. Nach Vorgabe der oberen Naturschutzbehörde sollen 30 ha Kopfweiden mit mehr als 6.000 Bäumen erhalten werden. Das Forstamt Groß-Gerau als zuständige Pflegebehörde läßt vor allem jene Bestände schneiden, die von den Wanderwegen aus zu sehen sind. Sie sollen auch weiterhin das Landschaftsbild prägen.

Lange gab es für das Schnittgut keine Verwertung; es wurde liegengelassen und verrottete. Seit einigen Jahren finden sich immerhin wieder einige Interessenten. Es sind darunter auch Kindergärten, Schulen und andere Bildungseinrichtungen, die aus biegsamen Weidenruten Hütten flechten. Die Enden der Ruten werden in den Boden gesteckt; sie bewurzeln sich, und in der nächsten Vegetationsperiode treiben sie üppig aus.

Quartier für Kauz & Co

Immer wieder „auf den Kopf gesetzt", entwickeln sich Weiden oft zu bizarren Baumgestalten. Da das weiche Holz schnell fault, können im Kopf einer alten Weide verwinkelte Höhlensysteme entstehen, die für eine große Zahl von Tieren interessant sind.
Im Mulm leben zahlreiche Käferarten. Fledermäuse finden Wochenstuben und Sommerquartiere, Vögel Brutplätze.
Vom Höhlenangebot profitieren beispielsweise Waldkäuze und Marder (im Bild Baummarder). Vom Waldkauz wurden allein auf der Rheininsel bis zu 60 Brutpaare festgestellt. Eine solche Zahl ist allerdings nicht allein durch das reiche Höhlenangebot zu erklären. Sie beruht auch auf dem Nahrungsreichtum im Naturschutzgebiet, das der Kauz gut zu nutzen versteht. Sein Nahrungsspektrum ist breit gefächert. Er jagt Amphibien, Kleinsäuger bis zur Größe von Eichhörnchen und Vögel bis hin zu Rabenkrähen.

Landschaft aus Menschenhand: Streuobstwiesen

Die Försterei Kühkopf-Knoblochsaue ist sicher die einzige deutsche Försterei, die nicht nur tausende Kopfweiden betreut, sondern auch noch mehr als 2000 Hochstamm-Obstbäume alter Regionalsorten. 30 Apfelsorten sind auf dem Kühkopf und in der Knoblochsaue zu finden!
Die Bäume wollen gepflegt und geschnitten werden. Wo Gehölze den Alterstod sterben, werden junge Obstbäume nachgepflanzt. Dabei werden auch weiterhin nur bewährte Lokal- oder Regionalsorten verwendet.
Jährlich im Herbst findet eine Versteigerung statt, bei der Interessenten aus den umliegenden Orten das Recht erwerben, das Obst einzelner Bäume zu ernten. So wird das Obst weitgehend genutzt, und wenigstens ein Teil des Erhaltungsaufwandes kommt wieder herein. Zur Minderung der Pflegekosten tragen auch Zivildienstleistende bei. Zwei „Zivis" helfen der Försterei, das Schutzgebiet zu betreuen.

Auenwiesen

Wiesen sind, von sehr wenigen Ausnahmen abgesehen, ein vom Menschen geschaffener Lebensraum. Sie wurden wahrscheinlich im Kleinen aus Weidewirtschaft entwickelt. Voraussetzung für Wiesen im heutigen Sinne war die Herstellung und Verbreitung wirksamer Gerätschaften. Wiesen sind deshalb erst etwa 1000 Jahre alt. In dieser Zeit hat sich aus einer Vielzahl von Gräsern und Kräutern verschiedenster Herkunft eine Fülle von Pflanzengesellschaften herausgebildet; jede wieder abhängig von Bodenbedingungen und (Klein-) Klima einerseits und der Art der Bewirtschaftung andererseits: Auf einer zweimal pro Jahr, im Juni und im Oktober, gemähten Wiese finden wir natürlich andere Pflanzen als auf einer nur einmal im Spätherbst gemähten Wiese.

Im Laufe von Jahrhunderten entwickelten sich Wiesen zu artenreichen Lebensräumen. Erst die moderne Landwirtschaft hat sie durch starke Düngung, häufigen Schnitt, Unkrautbekämpfung, Walzen usw. artenarm und monoton gemacht.
In Auenwiesen liegen ständig nasse Böden neben überraschend trockenen Standorten. Schon ein Höhenunterschied von wenigen Zentimetern kann eine sehr unterschiedliche Wasserversorgung des Bodens bewirken. Auch finden sich sehr feine Tonböden dicht neben grobem Kies, je nach den Launen des Wassers, das im Laufe der Zeiten wohl jedes Stück Boden in der Aue mehrfach umgeschichtet hat. Die Vielfalt der Bedingungen bewirkt, daß in Auenwiesen zahlreiche verschiedene Pflanzengesellschaften zu finden sind.
Im Naturschutzgebiet orientiert sich die Nutzung der Wiesen heute an dem Ziel, den Artenreichtum früherer Zeiten zu erreichen. Mit wenigen Ausnahmen erfolgt die erste Mahd nicht vor Mitte Juni.
Damit wird Rücksicht auf die Vögel genommen, die im Grünland ihren Nachwuchs großziehen. Außerdem erhalten auch Pflanzen eine Chance, die erst spät aussamen und deshalb in normalen Wirtschaftswiesen nicht mehr vorkommen.

Das große Foto oben links zeigt eine Wiese mit Baldrian und Gelber Wiesenraute, das quadratische darunter einen Ausschnitt aus einer Salbei-Glatthaferwiese.
Der Immenkäfer (an der gelben Hahnenfußblüte) ist nur eine von 1.500 Käferarten im Naturschutzgebiet. Genauso stehen die Skorpion-Fliege, der Schwalbenschwanz und seine Raupe beispielhaft für die Artenfülle in Kühkopf und Knoblochsaue.
Eine Besonderheit des Gebietes ist der Kantenlauch (oben), dessen Blüten hier ganze Wiesen rosa färben.

Das Hochwasser von 1983 schlug eine große Bresche in den Sommerdeich auf dem Kühkopf. Geflutet wurden dort auch die großen, intensiv genutzten Ackerflächen eines Saatgutbetriebes. Auch dem Naturschutz gelang ein großer Durchbruch: Es wurde beschlossen, die Deichlücke nicht mehr zu schließen und künftig häufigere Überflutungen innerhalb der Sommerdeiche zu ermöglichen. Bereits 1983 wurde die Ackerwirtschaft auf den meisten

Sukzession: Wie Acker zur Wiese wurde

Flächen aufgegeben; die letzten Äcker fielen 1987 brach.
1983 und 1984 leuchteten die aufgegebenen Äcker in Rot- und Gelbtönen: Wildkräuter der Hackfruchtäcker und Getreidefelder blühten auf. Im Bild links oben von 1984 sehen Sie unter anderem Klatschmohn, Ackerkresse, Acker-Kratzdistel und Getreidereste. 1985 kamen vermehrt Ruderalarten hoch, die für nährstoffreiche Standorte charakteristisch sind. Einige dieser Arten haben sich 1986 großflächig durchgesetzt. Es waren Acker-Kratzdistel, Kriechende Quecke und Löwenzahn und somit Pflanzen, die sich keiner großen Beliebtheit erfreuen. Vor allem unter den Landwirten der näheren Umgebung gab es viel Unmut; befürchtet wurde, daß nun die Disteln die Felder und Gärten der gesamten Region erobern würden. Der geballte Zorn traf das Forstamt. Als Betreuer des Naturschutzgebietes mußten seine Mitarbeiter vertreten, warum nichts gegen die „Wüstenei" unternommen wurde.
Da Disteln soviel Angst verbreiten, sei hier nur ein kleiner Bestand gezeigt, der zusätzlich durch einen Feldhasen verschönert wird.
Im Bild oben überfliegt eine Kornweihe eine große, von Schilf und Karden bedeckte Fläche. So großflächig trat damals auch die Distel auf!
Wie sich das Problem von allein löste, erfahren Sie auf der Folgeseite.

Kurswechsel

Von Juni bis September 1987 standen große Teile des Kühkopf unter Wasser. Das ungewöhnlich langdauernde Sommerhochwasser gab der Entwicklung auf den ehemaligen Ackerflächen eine völlig neue Richtung.
Die Wurzeln der meisten Disteln verfaulten. Das Regiment übernahmen nun Arten wie das Gemeine Rispengras und die Quecke, die sich rasch durch Ausläufer vermehren, und Naßkeimer wie der Löwenzahn. Arten, die sich durch Ausläufer vermehren, bilden Inseln in der umgebenden Vegetation. Die dadurch entstehenden Strukturen erinnern an Blumenbeete.
„Blumenbeet-Struktur" ist ein Fachwort aus der Pflanzenkunde. Im Foto oben werden solche Strukturen erkennbar. Sie werden in diesem Fall vor allem von verschiedenen Arten Klee hervorgerufen.

Bis 1991 nahmen Gräser und Wiesenblumen auf den ehemaligen Äckern zu. Es zeichnete sich eine Entwicklung zu charakteristischen Auenwiesen ab, die allerdings noch weit vom Bild der alten Wiesen des Naturschutzgebietes entfernt war. Als Folge einer großen Trockenheit im Juli 91 verdorrten weite Teile der vorhandenen Vegetation, und es liefen zahlreiche Pflanzen trockenerer Standorte auf. An manchen Stellen wuchs sogar eine seltene Pflanzengemeinschaft heran, die im Oberrheintal als wärmeliebende Gesellschaft sandiger Hackfruchtäcker bekannt ist: Sie wird unter anderen aus Bingelkraut, Stechapfel und Bilsenkraut gebildet.
Woher kamen diese Arten?
Ihre Samen ruhten seit langem in der „Genbank Ackerboden". Vom Bilsenkraut ist bekannt, daß seine Samen mehr als 600 Jahre verschüttet überleben können!
Die intensive Landnutzung hat „Bilsenkraut, Stechapfel und Co" aus unserer Landschaft verbannt. Erst die Ackerbrache machte eine Rückkehr möglich, wozu wiederum eine ungewöhnliche Trockenheit und Wärme nötig waren.
Nicht zuletzt trugen Wildschweine das ihre bei. Auf der Suche nach Löwenzahnwurzeln und anderen „Leckerbissen" wühlten sie den Boden um und legten die Samen frei. Nicht nur Bilsenkraut und Stechapfel (quadratisches Foto, daneben Blüte vom Bilsenkraut), sondern auch die Fruchtstände in der in Dunst gehüllten Wiese verdanken ihr Dasein dieser Wühlarbeit.
Das natürliche Potential ist vielfach noch vorhanden. Fast schon verschollene Arten und Gesellschaften kehren zurück, wenn wir dazu die Rahmenbedingungen schaffen.

Sukzession: Die Rückkehr des Waldes

Von den 1983 auf dem Kühkopf aufgegebenen Ackerflächen wurde ein Teil ganz bewußt sich selbst überlassen. Ohne menschliches Zutun wird dort eines fernen Tages eine üppige Hartholzaue mit mächtigen Eichen und Eschen stehen.
Mitteleuropa ist nämlich ein Waldland: Wo immer wir Wiesen und Weiden, Äcker, Weinberge und Gärten, aber auch die meisten Heideflächen oder Magerrasen sich selbst überlassen, erobert der Wald sein Territorium zurück.Der Ablauf der Wiederbewaldung ist auf allen Standorten ähnlich und unterscheidet sich lediglich bezüglich der Arten oder Pflanzengesellschaften, die unter den konkreten Standortbedingungen die Entwicklung tragen.
Zuerst kommen die sogenannten Pionierbaumarten. Es sind anspruchslose, schnellwachsende Arten; auf dem Kühkopf Weiden und Pappeln, andernorts beispielsweise Kiefern und Birken. Pionierbaumarten sind in der Lage, Rohböden zu besiedeln und einen Pionierwald oder Vorwald zu bilden.
In der zweiten Phase der Waldentstehung siedeln sich im Schutz des Vorwaldes die Baum- und Straucharten der langlebigen Waldgesellschaften an.
Für den Transport der Samen sorgen Wind, Hochwasser, Eichelhäher, Tauben und einige Kleinsäuger.
Das kleine Hochformatfoto wurde 1992 aufgenommen. Es zeigt einen Vorwald aus jungen Pappeln und Weiden auf 1983 brachgefallenem Acker. Das Bild rechts daneben stammt aus dem Vorwald nahe der Dammbruchstelle: Unter den bereits höher aufgewachsenen Weichhölzern hat sich schon eine Ulme angesiedelt und gut entwickelt. An anderen Stellen zeigen zahlreiche junge Eichen, daß die Entwicklung zur Hartholzaue zügig voranschreitet.
Wäre er so vorausschauend, würde der Neuntöter oder Rotrückenwürger die Schnelligkeit der Entwicklung

mit Sorge verfolgen. Dieser Singvogel lebt eigentlich in heckenreichem Grünland, in manchen Heide- und Moorflächen. Er ist also ein Bewohner halbhoher Gebüschlandschaften. Der junge Vorwald erwies sich für ihn als günstiger Lebensraum, so daß sich der Neuntöter hier als Charaktervogel des Pionierwaldes entpuppte. Besonders die zahlreichen Weißdornbüsche kamen ihm gelegen: Auf deren Dornen spießt er große Insekten und sogar Mäuse auf. Dieses Vorgehen dient der Vorratshaltung, hilft aber auch, die für einen nur 17 cm messenden Singvogel große Beute überhaupt zu bewältigen.
Gegenwärtig leben etwa 60 Neuntöter-Paare im Naturschutzgebiet. Wenn der Wald heranwächst, wird ihre Zahl wieder sinken. Dafür wird die Turteltaube (rechts) dem Neuntöter als Charakterart des noch jungen Waldes folgen.

Naturgenuß à la carte

Was Erholung und Naturgenuß anbelangt, so sind Kühkopf und Knoblochsaue wie ein gutes Restaurant: Die Speisekarte ist voll von auserlesenen Angeboten für den großen wie den kleinen Appetit, und zu jeder Jahreszeit werden besondere Spezialitäten angeboten.
Nur wenige Menschen finden Gelegenheit, unter der Woche das Gebiet zu durchstreifen. Vor allem im Frühjahr und Herbst nutzen begeisterte Naturfreunde ein paar freie Tage, um intensiv Natur zu erleben. Der Vogelzug ist für diese Kurzurlauber besonders attraktiv.
Daneben begegnen wir wochentags häufiger Gruppen. Es sind Fachgruppen aus Forst und Naturschutzverwaltungen, die unter fachkundiger Leitung den Kühkopf erkunden. Auch besuchen Kindergartengruppen, Schulklassen, Erzieher den Kühkopf. Häufigste Anlaufstelle ist das Informationszentrum auf dem ehemaligen Hofgut Guntershausen.
Wochentags am Feierabend: Die Bewohner der näheren Umgebung machen noch einen Spaziergang, einen Dauerlauf, eine Radtour oder eine kleine Exkursion mit Fernglas oder Fotoapparat.
Feiertags im Frühjahr oder Herbst bei schönem Wetter: In Scharen kommen die Stadtbewohner aus dem Ballungsraum. Die Parkplätze sind voll; in den Gaststätten sind keine Tische frei, und auch im Infozentrum herrscht ein ständiges Kommen und Gehen. In der Nähe der Parkplätze, Fußgängerbrücken und des Fähranlegers sind unzählige Fußgänger unterwegs; tiefer im Gebiet dominieren die Radler. Auf dem Stockstadt-Erfeldener Altrhein tummeln sich die Kanuten und Freizeitkapitäne.
Damit das Naturschutzgebiet seiner Funktion als Lebensraum einer typischen, vielfältigen Pflanzen- und Tierwelt gerecht werden kann, kommt es auf das rücksichtsvolle Verhalten jedes Einzelnen an. Besonders wichtig ist, daß sich alle Besucher an das Wegegebot halten, also auf den Wegen bleiben. Das Gebot dient dazu, die Pflanzendecke im Gebiet zu schonen. Mehr noch schützt diese Einschränkung die Tierwelt: Vögel und Vierbeiner lernen großteils recht schnell, daß die unheimlichen Menschen auf stets den gleichen Wegen ziehen. Je nach Ängstlichkeit oder Scheu nisten, rasten oder fressen Wildtiere manchmal recht nah am Weg. Bleiben auch Hunde angeleint, dann erhöht das Wegegebot die Wahrscheinlichkeit, freilebende Tiere beobachten zu können.

Der ungeliebte Beweis: Die Rheinschnake

Es gibt Zeiten, da ist das Naturschutzgebiet fast menschenleer. Nur nervenstarke Wanderer suchen den Kühkopf dann tagsüber auf, meiden aber schwüle Tage und sehen zu, daß sie die Insel vor Anbruch der Dämmerung verlassen. Wer unbedingt draußen arbeiten muß, trägt an den schlimmen Tagen ein Moskitonetz. Die Rheinschnake ist der Preis für die Schönheit und Vielfalt der Auen, und gleichzeitig ist sie der ungeliebteste Beweis für die große biologische Produktivität des Lebensraumes.
Dabei gibt es „die Rheinschnake" gar nicht, jedenfalls nicht im streng biologischen Sinne. Vielmehr leben am Oberrhein mindestens 33 Arten Stechmücken. Wer unter den Plagegeistern leidet, dem ist es allerdings völlig gleichgültig, ob er von Aedes sticticus, der Auwaldmücke, oder Culex pipiens, einer Hausmücke, oder einer der anderen Arten gestochen wird. Da sich die Arten allerdings stark in Häufigkeit und Verhalten unterscheiden, ist es für die Bekämpfung immens wichtig, sich mit der Biologie der Mücken auseinanderzusetzen.

Wichtigste Verursacherin der Stechmückenplagen am Oberrhein ist die Wiesenmücke Aedes vexans. Diese Art stellt im Sommer 8 von 10 Stechmücken am Kühkopf. Darüber hinaus zeichnet sie sich durch starken Wandertrieb und große Stechlust aus.
Weibliche Aedes-Arten müssen Blut saugen, damit ihre Eier reifen können. Etwa fünf Tage nach der Blutmahlzeit legen sie ihre Eier einzeln auf feuchtem Boden ab - an Stellen, die nach einem Hochwasser wieder trockenfallen.
Nach etwa acht Tagen sind die Larven in den Eiern fertig entwickelt und können nun innerhalb kürzester Zeit schlüpfen, wenn sie von einem neuen Hochwasser geflutet werden. In der Zeit zwischen September bis Ende März unterliegt allerdings die ganz große Masse der Larven einer Schlüpfhemmung. Die große Zeit der Mückenplagen sind nun einmal die Sommermonate.
Sommerliche Hochwässer mit Wassertemperaturen über 10°C fördern einen Massenschlupf von Larven. Allerdings schlüpft selbst unter optimalen Bedingungen längst nicht der gesamte Nachwuchs - eine Vorsichtsmaßnahme der Natur, die beispielsweise auch die Wirksamkeit der Bekämpfung reduziert.

Zwischen Ei und fertiger Mücke liegen vier Larvenstadien und ein Puppenstadium. Larven (Bild links unten) und Puppen verfügen über Atemfortsätze und hängen unter der Wasser-Oberfläche, um Sauerstoff zu bekommen. Bei sommerlicher Temperatur dauert die Entwicklung vom Schlupf aus dem Ei bis zum flugfähigen Insekt nur eine gute Woche. In Abhängigkeit von Hochwässern können Wiesen- und Auwaldmücken mehrere Generationen pro Sommer hervorbringen. Andererseits bleiben die Eier mindestens drei Jahre lebensfähig, wenn Sommerhochwässer ausfallen.

Erholungsuchende können Kühkopf und Knoblochsaue während der Schnakenmonate meiden. Die Bevölkerung der Gemeinden ringsum kann das nicht. Seit Langem werden die Schnaken deshalb bekämpft, seit 1987 auch innerhalb des Naturschutzgebietes.

Eigens zur Mückenbekämpfung wurde die „Kommunale Aktionsgemeinschaft zur Bekämpfung der Schnakenplage" (KABS) gegründet. In den Anfängen wurde mit Lipidfilm gearbeitet. Der Lipidfilm breitete sich auf der Oberfläche der behandelten Gewässer aus und behinderte die Atmung der Mückenlarven. Betroffen waren jedoch auch andere Organismen, die an der Wasseroberfläche atmen.

1976 entdeckte der Biologe Dr. Margalit eine Möglichkeit, gezielt Stechmückenbrut zu bekämpfen. Er fand in der Negev-Wüste in Israel einen Bazillus, der nur auf Mücken reagiert und der einen Eiweißkörper produziert, der im Darm der Larven als zellzerstörendes Gift wirkt. Benannt wurde der Bazillus als Bacillus thuringiensis israelensis. Als Namenskürzel für die mit seiner Hilfe begonnene Schnakenbekämpfung wurde B.t.i. gewählt.Die Bazillen werden inzwischen großtechnisch gezüchtet. Nicht der Bazillus selbst, sondern von ihm produzierte Eiweißkörper werden zu Puder oder Flüssigkonzentrat verarbeitet und in die Schnakenbrutgewässer eingebracht. Die

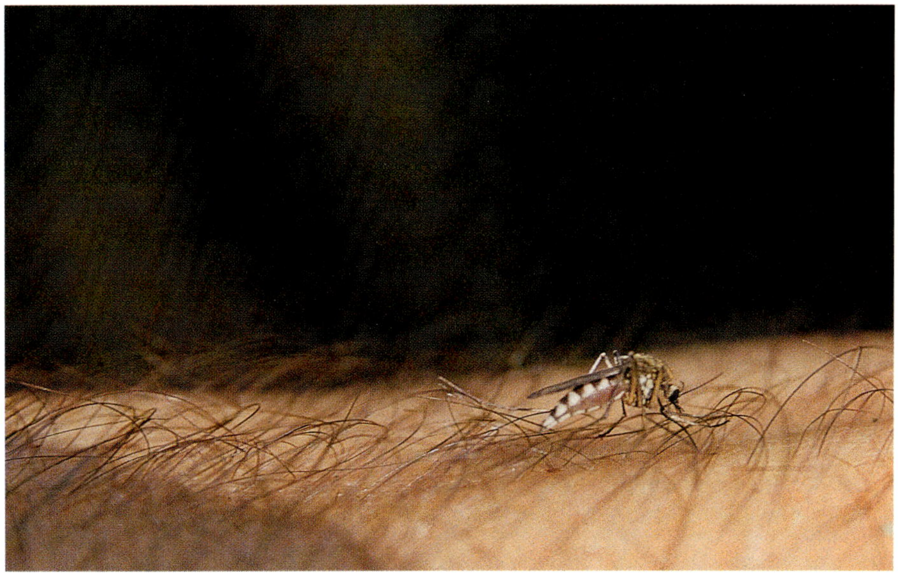

Bekämpfung wird allerdings erst begonnen, wenn Zählungen in Testgewässern eine bestimmte Dichte von Mückenlarven ergeben haben. Nach Erfahrungen der KABS werden durch B.t.i.-Einsatz mehr als 90% der Rheinschnakenpopulation vernichtet. In schlimmen Jahren können die aus den überlebenden Larven schlüpfenden Mücken immer noch eine große Belästigung sein.

Dann kommt jedesmal die Forderung, auch die letzten, bisher ausgesparten Gewässer in den Kernzonen des Naturschutzgebietes in die Mückenbekämpfung einzubeziehen. Nun sind Stechmücken Bestandteil natürlicher Ökosysteme; vor allem dienen sie Wasserinsekten, Amphibien und Fischen als Nahrung und sind ein wichtiger Faktor, daß sommerliche Überflutungen sich auf die Populationen ihrer natürlichen Feinde günstig auswirken. Immerhin wurden mehr als 50.000 Aedes-Eier pro Quadratmeter im Uferbereich von Hochwassertümpeln gezählt. Welche Funktionen die daraus geschlüpften Larven in den temporären Feuchtgebieten insgesamt ausüben, kann noch nicht abschließend beurteilt werden.

Zumindest in Kernzonen eines Naturschutzgebietes müssen vermeidbare Eingriffe in das Ökosystem unterbleiben.

Anhang

Abwechslungsreich wie die Wasserstände: Die Geschichte des Naturschutzgebietes

Ausgewiesen wurde das Naturschutzgebiet Kühkopf-Knoblochsaue zuerst 1952. In den folgenden Jahrzehnten wurde die Verordnung für das NSG mehrfach geändert. Während dieses Buch entsteht, gilt noch die Fassung von 1978. In Kürze soll eine weiterentwickelte Verordnung veröffentlicht werden.
Der Naturschutz hat in der bisherigen Geschichte des Gebietes Höhen und Tiefen erlebt. Zu den Höhepunkten zählte 1961 die Verleihung des Prädikates „Europareservat" durch den International Council for Bird Preservation der UNESCO. Anerkannt wurden damit die Maßnahmen des Landes zum Schutz eines Gebietes von größter Bedeutung für den Vogelzug.
1965 wurde bei Stockstadt eine Brücke über den Altrhein und von dort eine öffentliche Straße über den Kühkopf zur Guntersblumer Rheinfähre gebaut. Von da an war es mit der Ruhe und guten Luft auf dem Kühkopf vorbei. Noch eine ganze Reihe weiterer Nutzungen blieben auf dem Kühkopf und in der Knoblochsaue erlaubt, die mit den Zielsetzungen eines Naturschutzgebietes nicht vereinbar waren. So wurden hunderte Hektar auf der Rheininsel von einem staatlichen Saatgutbetrieb intensiv genutzt; dabei wurde an Pestiziden nicht gespart. Intensive forstliche Nutzung, intensive Fischerei, unsachgemäße Ausbringung von Baggergut, ein militärischer Übungsplatz in der Knoblochsaue: 1973 wurde der Titel „Europareservat" wieder aberkannt.
Zum Glück konnten Naturschutzpolitik und -behörden das Ruder energisch herumwerfen. Innerhalb eines Jahrzehntes wurde etlichen wichtigen Forderungen der Naturschutzverbände entsprochen. So wurde der private Autoverkehr nach zähem Ringen 1978 auf dem Kühkopf wieder unterbunden. 1983 belohnte die erneute Anerkennung als Europareservat die intensivierten staatlichen Bemühungen für einen besseren Schutz des Gebietes. Was aus dem Saatgutbetrieb geworden ist und unter welchen Vorzeichen heute das Forstamt arbeitet, lesen Sie an anderen Stellen ausführlich.
Der Truppenübungsplatz existiert nicht mehr. Diskussionen entzünden sich immer einmal wieder an Themen wie der Schnakenbekämpfung, der Fischerei, dem Angelsport, dem Bootsverkehr und der Einschränkung des PKW-Verkehrs in der Knoblochsaue.

Kühkopf und Knoblochsaue: Die Herkunft der Namen

Die karolingischen Herrschergeschlechter haben die hessischen Ländereien großzügig in Bannforste aufgeteilt. „Forst" bedeutete damals nicht „Wald", sondern „Königsland". Forste umfassten auch Siedlungen und landwirtschaftlich genutzte Flächen.
Der Kühkopf bildete das nordwestliche Ende des kaiserlichen Bannforstes Forehahi, war also „Königsland". Die Halbinsel wies zudem annähernd die Form eines Kopfes auf. Der Kühkopf war also „Königsland" in Kopfform: Königsland-Kopf oder noch kürzer Königskopf. König wurde im Mittelhochdeutschen „künec" gesprochen. Künec-Kopf schliff sich im Laufe der Zeit ab zu „Kühkopf".
Die Knoblochsaue trägt den Namen der Familie von Knobloch, der das Gebiet Ende des 15.Jahrhunderts gehörte.

Fähre „König Gunter"

Von Ostern bis Ende Oktober fährt das Fährschiff an Sonn- und Feiertagen zwischen Guntersblum und dem Kühkopf. Fahrräder können mitgenommen werden.
Die nächstgelegenen Rheinüberquerungen sind bei Oppenheim und Gernsheim, so daß auch einmal eine etwas längere Fahrrad- Rundfahrt geplant werden könnte.

Fährbetrieb
Guntersblum-Kühkopf-Guntersblum:

Guntersblum ab: 9.00 Uhr (erste), ca. 9.20, ca 9.40, 11.40, 13.00 bis 16.10 ca. alle 20 Minuten; ca. 18.00, ca. 18.20, ca. 18.40 Uhr

Kühkopf ab: ca 9.10, ca 9.30, 9.50; ca 11.50; 13.10 bis 16.20 ca. alle 20 Minuten; ca. 18.10, ca. 18.30, 18.50 Uhr

An Sonn- und Feiertagen mit Ausnahme des 1.Mai und Christi Himmelfahrt werden außerdem zwei Fahrten Guntersblum-Erfelden-Guntersblum angeboten:

Guntersblum ab: 10.00 Uhr; Erfelden an/ab: 10.45; Guntersblum an: 11.30 Uhr

Guntersblum ab: 16.30 Uhr; Erfelden an/ab: 17.15;Guntersblum an: 18.00 Uhr

Die Erfelden-Fahrten können bei Niedrigwasser ausfallen.

Fragen, auch wegen Charterfahrten unter der Woche, richten Sie bitte an
Kapitän Hussmann: Tel. 06249/8731
Fax 06249/2521

Gaststätten

Im Naturschutzgebiet liegen zwei Gaststätten: Die **Altrhein-Schänke** liegt zwischen der Stockstädter Brücke und dem Informationszentrum.
Dienstag Ruhetag; Sa und So ab 10.00 Uhr, wochentags ab 11.00 Uhr Tel. 06158/86260

Forsthaus Kühkopf liegt in der Nähe der Erfeldener Brücke.
Montag Ruhetag; Di ab 14.00,
So/ Feiertag ab 10.00 Uhr; sonst ab 11.00 Uhr
Tel. 06158/3068

In den Orten rund um das Schutzgebiet finden Sie weitere Gaststätten.

Informationszentrum Kühkopf-Knoblochsaue:

Das Informationszentrum liegt im ehemaligen Hofgut Guntershausen, nahe der Stockstädter Brücke.
Öffnungszeiten:
Anfang März bis Ende Oktober:
Di, Do, Sa, So sowie an Feiertagen

Anfang November bis Ende Februar:
Sa, So sowie an Feiertagen

jeweils von 9.00 bis 17.00 Uhr

Tel. 06158/86980

Philipp-Schäfer II - Museum: Heimatmuseum Erfelden

Wilhelm-Leuschner-Str. 28
6086 Riedstadt-Erfelden
Tel. 06158/4001 Gemeinde Riedstadt

Leiter: Walter Glock, Odenwaldstr. 19
64560 Riedstadt-Erfelden, Tel. 06158/6728

Öffnungszeiten:
Jeden 1. und 3. Sonntag im Monat
10.00 bis 12.00 Uhr und nach Vereinbarung

Heimatmuseum im historischen, aus dem 16.Jh. stammenden Rathaus. Gezeigt werden alte Geräte aus Land- und Forstwirtschaft, Weinbau, Handwerk und Fischerei und kleinbäuerlichen Haushalten. Außerdem Karten und Fundstücke aus der Zeit des Rheinüberganges von König Gustav Adolf von Schweden und das Gemeindearchiv mit alten Landkarten und Literatur. Im ehemaligen Sitzungssaal im Obergeschoß sind präparierte Tiere des Naturschutzgebietes und vorgeschichtliche Funde untergebracht. Zu besichtigen sind beispielsweise Knochen von Mammut, Wisent und Riesenhirsch sowie jungsteinzeitliches Gerät. Diese Funde wurden bei Baggerarbeiten am Altrhein und in angrenzenden Kiesgruben entdeckt.

Weitere Heimatmuseen mit Bezügen zum Kühkopf und der Knoblochsaue:

Heimatmuseum Stockstadt, Oberstraße (im alten Rathaus)
geöffnet sonntags 10.00 bis 12.00 Uhr

Heimatmuseum Leeheim, Backhausstraße 8
geöffnet jeden 1. und 3. Sonntag im Monat,
10.00 bis 12.00 Uhr und nach Vereinbarung

Riedstädter Bücherstube

Die Riedstädter Bücherstube führt ein umfangreiches Sortiment über Kühkopf und Knoblochsaue.
Riedstraße 26, 64560 Riedstadt-Erfelden
Tel. 06158/2533

Die Schwedensäule

In der Knoblochsaue, nahe am heutigen Stockstadt-Erfeldener Altrhein, steht die Schwedensäule. Sie erinnert daran, daß während des Dreißigjährigen Krieges einen fürchterlichen Tag lang bei Erfelden Weltgeschichte geschrieben wurde: Im Morgengrauen des 8.Dezember 1631 setzte Schwedenkönig Gustav II.Adolf mit seinem Heer vom späteren Standort der Säule aus über den 300 m breiten Rhein und überraschte die auf dem Kühkopf verschanzten Spanier, die er im Bereich des Schwedenfriedhofes vernichtend schlug.
Als der König ein Jahr später die Schwedensäule errichten ließ, wollte er seinem taktischen Geschick ein Denkmal setzen und an einen seiner zahlreichen Siege erinnern.
Aus heutiger Sicht ist die Säule nicht nur Symbol eines Sieges. In den Zusammenhang eines langen, grausamen Krieges gestellt, ist sie vor allem ein Mahnmal.
13 Jahre vor der Schlacht auf dem Kühkopf, am 23.Mai 1618, hatten einige protestantische böhmische Adelige den kaiserlichen Statthalter Wilhelm Slawata aus dem Fenster der kaiserlichen Burg in Prag geworfen. Grund war ein Verstoß gegen den „Majestätsbrief" von 1609, der dem Land Religionsfreiheit zugesichert hatte. Der „Prager Fenstersturz" war der äußere Anlaß für den Ausbruch des Dreißigjährigen Krieges.
Damit brachen drei Jahrzehnte an, in denen die Habsburger zusammen mit Spanien und der Katholischen Liga versuchten, den Protestantismus zu unterdrücken.
1627 hatte Kaiser Ferdinand II. sein Ziel fast erreicht: Wallenstein, des Kaisers „Generalissimus", hatte die Herrschaft Habsburgs bis an die Ostsee ausgedehnt und war bis Jütland vorgedrungen. Der Führer der protestantischen Heere, Dänenkönig Christian IV., hatte im Frieden zu Lübeck zugesagt, sich nicht mehr in deutsche Streitigkeiten einzumischen.
Um die Erfolge abzusichern, schlug Wallenstein vor, mit den protestantischen Kräften Frieden zu schließen.
Kaiser Ferdinand II. folgte jedoch dem Rat von Höflingen und Fürsten, die Wallenstein seine ungewöhnlichen Erfolge mißgönnten und den Glaubenskonflikt auf die Spitze treiben wollten.
1629 hob der Kaiser alle „Vorrechte" auf, die den Protestanten seit der Reformation eingeräumt worden waren, und verlängerte damit den Krieg. 1630 ließ er ausserdem zu, daß der Regensburger Kurfürstentag Wallenstein absetzte. Was der Kaiser zu diesem Zeitpunkt noch nicht wußte: Soeben war Schwedenkönig Gustav II. Adolf mit einem großen Heer an der pommerschen Küste gelandet, um den bedrängten deutschen Protestanten zu helfen.
Siegreich kämpfte sich der Schwedenkönig südwärts und westwärts vor und schlug Graf Tilly mit dem Heer der Katholischen Liga in der Nähe Leipzigs bei Breitenfeld. Im November 1631 besetzte König Gustav Adolf Frankfurt. Als nächstes Ziel setzte er sich die Einnahme von Mainz, das als starke Festung ausgebaut war. Offen war zunächst der günstigste Punkt zur Überquerung des Rheines.
Am 6.Dezember 1631 fuhr Gustav II. Adolf von Stockstadt aus mit einem Nachen den heutigen Altrhein hinab, um die Stellungen der Spanier auf dem Kühkopf zu erkunden. Er stellte fest, daß sich die Verbündeten des Kaisers auf dem Kleinen Kühkopf und an mehreren Stellen des Kühkopf verschanzten und fieberhaft an einer weiteren Befestigung ihrer Stellungen arbeiteten.
Es gelang dem Schwedenkönig, in Erfelden einige Scheunentore zu beschaffen. Kähne hatte er selbst mitgebracht, da die Spanier sämtliche Boote eingezogen oder versenkt hatten. Je zwei Nachen ließ er durch ein Scheunentor verbinden. Dadurch gewann er die Transportkapazität, sein Heer über den Strom zu bringen. Zwei Tage nach dem Sieg auf dem Kühkopf nahm der Schwedenkönig Oppenheim ein, dessen Bürger ihm halfen, die gehaßten Spanier' zu vertreiben.
Unaufhaltsam schien der Siegeszug des Schwedenkönigs. 1632 besetzte er die bayerische Landeshauptstadt München. Kurfürst Maximilian von Bayern war in den hintersten Winkel seines Landes geflohen und Graf Tilly bei Rain am Lech gefallen. In dieser Situation gelang es Ferdinand II., Wallenstein noch einmal als Generalissimus zu gewinnen. Der stimmte nur unter der Bedingung zu, daß der Kaiser ihm Vollmacht gab, Friedensverhandlungen zu führen. Wallenstein stellte ein Heer von 100.000 Mann auf, nahm Prag ein und bedrohte Sachsen. In der Nähe von Leipzig, bei Lützen, stießen die beiden Heere aufeinander. Der Ausgang der Schlacht blieb unentschieden, aber Gustav II.Adolf fiel. Der schwedische Reichskanzler Axel Oxenstierna übernahm das Kommando.
Wallenstein wollte den Frieden und führte zahlreiche Verhandlungen. Katholische Liga, Spanier und verschiedene Fürsten hintertrieben seine Bemühungen, beschlossen seinen Tod. Am 25.Februar 1634 wurde Wallenstein ermordet.
Der Krieg ging weiter. Erst 1648 wurde er mit dem Westfälischen Frieden von Münster und Osnabrück beendet. Nach 30 Jahren unsagbaren Leides war die politische Welt ein wenig anders als zuvor: Der Kaiser mußte ein Stück Macht abgeben, die Reichsstände erhielten dafür einige Befugnisse mehr. Außerdem erkannte das Reich die Glaubensfreiheit der Protestanten an. Wie frei der Glaube gehandhabt wurde, wird deutlich, wenn man sich Folgendes vor Augen hält: Die Untertanen hatten die Religion ihrer Landesherren anzunehmen.

Artenliste nach Kühkopfdatei   Stand 02.02.1997

Brutvögel

Haubentaucher	Podiceps cristatus
Zwergtaucher	Tachybaptus ruficollis
Graureiher	Ardea cinerea
Zwergdommel	Ixobrychus minutus
Stockente	Anas platyrhynchos
Schnatterente	Anas strepera
Graugans	Anser anser
Kanadagans	Branta canadensis
Höckerschwan	Cygnus olor
Mäusebussard	Buteo buteo
Sperber	Accipiter nisus
Habicht	Accipiter gentilis
Rotmilan	Milvus milvus
Schwarzmilan	Milvus migrans
Wespenbussard	Pernis apivorus
Rohrweihe	Circus aeruginosus
Baumfalke	Falco subbuteo
Turmfalke	Falco tinnunculus
Rebhuhn	Perdix perdix
Wachtel	Coturnix coturnix
Fasan	Phasianus colchicus
Wasserralle	Rallus aquaticus
Tüpfelralle	Porzana porzana
Teichralle	Gallinula chloropus
Bläßralle	Fulica atra
Flußregenpfeifer	Charadrius dubius
Waldschnepfe	Scolopax rusticola
Hohltaube	Columba oenas
Ringeltaube	Columba palumbus
Turteltaube	Streptopelia turtur
Türkentaube	Streptopelia decaocto
Kuckuck	Cuculus canorus
Schleiereule	Tyto alba
Steinkauz	Athene noctua
Waldkauz	Strix aluco
Waldohreule	Asio otus
Mauersegler	Apus apus
Eisvogel	Alcedo atthis
Grünspecht	Picus viridis
Grauspecht	Picus canus
Buntspecht	Dendrocopos major
Kleinspecht	Dendrocopos minor
Mittelspecht	Dendrocopos medius
Schwarzspecht	Dryocopus martius
Wendehals	Jynx torquilla
Feldlerche	Alauda arvensis
Rauchschwalbe	Hirundo rustica
Mehlschwalbe	Delichon urbica
Uferschwalbe	Riparia riparia
Pirol	Oriolus oriolus
Rabenkrähe	Corvus corone
Elster	Pica pica
Eichelhäher	Garrulus glandarius
Kohlmeise	Parus major
Blaumeise	Parus caeruleus
Sumpfmeise	Parus palustris
Weidenmeise	Parus montanus
Beutelmeise	Remiz pendulinus
Schwanzmeise	Aegithalos caudatus
Kleiber	Sitta europaea
Waldbaumläufer	Certhia familiaris
Gartenbaumläufer	Certhia brachydactyla
Zaunkönig	Troglodytes troglodytes
Wacholderdrossel	Turdus pilaris
Singdrossel	Turdus philomelos
Amsel	Turdus merula
Schwarzkehlchen	Saxicola torquata
Gartenrotschwanz	Phoenicurus phoenicurus
Hausrotschwanz	Phoenicurus ochruros
Nachtigall	Luscinia megarhynchos
Blaukehlchen, weißsterniges	Luscinia svecica
Rotkehlchen	Erithacus rubecula
Feldschwirl	Locustella naevia
Teichrohrsänger	Acrocephalus scirpaceus
Sumpfrohrsänger	Acrocephalus palustris
Gelbspötter	Hippolais icterina
Mönchsgrasmücke	Sylvia atricapilla
Gartengrasmücke	Sylvia borin
Dorngrasmücke	Sylvia communis
Klappergrasmücke	Sylvia curruca
Zilpzalp	Phylloscopus collybita
Fitis	Phylloscopus trochilus
Waldlaubsänger	Phylloscopus sibilatrix
Sommergoldhähnchen	Regulus ignicapillus
Grauschnäpper	Muscicapa striata
Trauerschnäpper	Ficedula hypoleuca
Heckenbraunelle	Prunella modularis
Baumpieper	Anthus trivialis
Bachstelze	Motacilla alba
Schafstelze	Motacilla flava
Neuntöter	Lanius collurio
Star	Sturnus vulgaris
Kernbeißer	Coccothraustes coccothraustes
Grünling	Carduelis chloris
Stieglitz	Carduelis carduelis
Erlenzeisig	Carduelis spinus
Bluthänfling	Carduelis cannabina
Girlitz	Serinus serinus
Buchfink	Fringilla coelebs
Goldammer	Emberiza citrinella
Grauammer	Miliaria calandra
Rohrammer	Emberiza schoeniclus
Haussperling	Passer domesticus
Feldsperling	Passer montanus

Zugvögel oder Gastvögel aus dem Umfeld

Rothalstaucher	Podiceps grisegena
Kormoran	Phalacrocorax carbo
Weißstorch	Ciconia ciconia
Schwarzstorch	Ciconia nigra
Krickente	Anas crecca
Knäkente	Anas querquedula
Pfeifente	Anas penelope
Spießente	Anas acuta
Löffelente	Anas clypeata
Bergente	Aythya marila
Reiherente	Aythya fuligula
Tafelente	Aythya ferina
Schellente	Bucephala clangula
Eiderente	Somateria mollissima
Mittelsäger	Mergus serrator
Gänsesäger	Mergus merganser
Zwergsäger	Mergus albellus
Brandgans	Tadorna tadorna
Bläßgans	Anser albifrons
Saatgans	Anser fabalis
Streifengans	Anser indicus
Weißwangengans	Branta leucopsis
Singschwan	Cygnus cygnus
Kornweihe	Circus cyaneus
Fischadler	Pandion haliaetus
Wanderfalke	Falco peregrinus
Merlin	Falco columbarius
Kranich	Grus grus
Wachtelkönig	Crex crex
Kiebitz	Vanellus vanellus
Sandregenpfeifer	Charadrius hiaticula
Bekassine	Gallinago gallinago
Großer Brachvogel	Numenius arquata
Uferschnepfe	Limosa limosa
Waldwasserläufer	Tringa ochropus
Bruchwasserläufer	Tringa glareola
Rotschenkel	Tringa totanus
Grünschenkel	Tringa nebularia
Dunkler Wasserläufer	Tringa erythropus
Flußuferläufer	Actitis hypoleucos
Zwergstrandläufer	Calidris minuta
Alpenstrandläufer	Calidris alpina
Kampfläufer	Philomachus pugnax
Lachmöwe	Larus ridibundus
Weißkopfmöwe	Larus cachinnans
Flußseeschwalbe	Sterna hirundo

Es gehört schon viel Glück dazu, auf dem Kühkopf einen durchziehenden Fischadler zu beobachten.

Trauerseeschwalbe	Chlidonias niger
Sumpfohreule	Asio flammeus
Wiedehopf	Upupa epops
Saatkrähe	Corvus frugilegus
Dohle	Corvus monedula
Misteldrossel	Turdus viscivorus
Rotdrossel	Turdus iliacus
Steinschmätzer	Oenanthe oenanthe
Braunkehlchen	Saxicola rubetra
Wintergoldhähnchen	Regulus regulus
Wiesenpieper	Anthus pratensis
Wasserpieper	Anthus spinoletta
Gebirgsstelze	Motacilla cinerea
Raubwürger	Lanius excubitor
Dompfaff	Pyrrhula pyrrhula
Bergfink	Fringilla montifringilla

Seltene Gäste

Prachttaucher	Gavia arctica
Sterntaucher	Gavia stellata
Ohrentaucher	Podiceps auritus
Schwarzhalstaucher	Podiceps nigricollis
Purpurreiher	Ardea purpurea
Seidenreiher	Egretta garzetta
Silberreiher	Egretta alba
Nachtreiher	Nycticorax nycticorax
Rohrdommel	Botaurus stellaris
Rosaflamingo	Phoenicopterus ruber
Mandarinente	Aix galericulata
Kolbenente	Netta rufina
Moorente	Aythya nyroca
Eisente	Clangula hyemalis
Samtente	Melanitta fusca
Rostgans	Tadorna ferruginea
Kurzschnabelgans	Anser brachyrhynchus
Seeadler	Haliaeetus albicilla
Wiesenweihe	Circus pygargus
Kleines Sumpfhuhn	Porzana parva
Kiebitzregenpfeifer	Pluvialis squatarola
Goldregenpfeifer	Pluvialis apricaria
Mornellregenpfeifer	Charadrius morinellus
Zwergschnepfe	Lymnocryptes minimus
Regenbrachvogel	Numenius phaeopus
Temminckstrandläufer	Calidris temminckii
Sichelstrandläufer	Calidris ferruginea
Sandstrandläufer	Calidris pusilla
Triel	Burhinus oedicnemus
Heringsmöwe	Larus fuscus
Silbermöwe	Larus argentatus
Sturmmöwe	Larus canus
Weißflügel-Seeschwalbe	Chlidonias leucopterus
Uhu	Bubo bubo
Ziegenmelker	Caprimulgus europaeus
Bienenfresser	Merops apiaster
Blauracke	Coracias garrulus
Haubenlerche	Galerida cristata
Tannenmeise	Parus ater
Haubenmeise	Parus cristatus
Bartmeise	Panurus biarmicus
Wasseramsel	Cinclus cinclus
Schlagschwirl	Locustella fluviatilis
Rohrschwirl	Locustella luscinioides
Drosselrohrsänger	Acrocephalus arundinaceus
Seidenschwanz	Bombycilla garrulus
Birkenzeisig	Carduelis flammea
Fichtenkreuzschnabel	Loxia curvirostra

Artenliste der Reptilien und Amphibien im Schutzgebiet

Reptilien:
Ringelnatter, Blindschleiche, Zauneidechse, Waldeidechse

Amphibien: (nach Bruno Viertel, Stand 1980)
Kreuzkröte (sehr selten), Wechselkröte (sehr selten), Erdkröte, Knoblauchkröte, Laubfrosch (sehr selten), Seefrosch, Wasserfrosch, Moorfrosch, Springfrosch, Teichmolch,Kammmolch

Bildautoren

I.Arndt/Umweltbild: 5
Ralph Baumgärtel: 18 u.;19 u.; 34 o.r.;48 ; 61 u.; 70; 71 o.l.; 71 u.l.; 71 u.r.; 73 u.
Dr.Norbert Becker, KABS: 51; 72 u.
E.Bruhn-Hoffmann/AP: 53 u.
Berndt Fischer: 12 o.l.; 25 o.
Gemeindearchiv Erfelden: 15; 52; 56 o.
Johannes Henrich Gonnermann: 69 o.r.
Egbert Korte: 18 o.; 18 mitte
W.Kratz/Umweltbild: 61 mitte
B.Ludwig/Umweltbild: 59 o.
K.Möbus/ Umweltbild: 40 u.r.; 61o.l.; 72 o.; 73 o.
Rolf Müller: 68
N.N.: 2
Michael Petersen: Umschlag hinten
Thorsten Runge: 16 mitte
Dr.Eckbert Schneider: 66 u.r.
Dr.Erika Schneider: 34 o.l.; 67
G.Schulz/Premium: 77
vario-press: 53 o.
Uwe Walz: 3
Herbert Zettl: alle weiteren 114 Fotos

Das Buch-Team

Herwig Klemp

Geboren am 8.6.1949 in Vlotho/Weser. Der Dipl.-Psychologe machte 1977 einen Teilbereich seines ehrenamtlichen Engagements zum Beruf und spezialisierte sich auf Öffentlichkeitsarbeit für Naturschutz.
Zunächst arbeitete Klemp als Mitarbeiter der Naturschutzgesellschaft Schutzstation Wattenmeer, zuletzt als Leiter bundesweiter Naturschutzkampagnen beim Bund für Umwelt und Naturschutz Deutschland (BUND).
1980 konzipierte er die Kampagne „Mehr Natur in Dorf und Stadt" und verfaßte und verlegte zu dieser Aktion sein erstes Buch, das sich mit 25.000 verkauften Exemplaren zum Bestseller mauserte.
1987 gründete er eine Werbeagentur im Bereich „Kommunikationsdesign Umwelt", 1995 den Verlag Herwig Klemp.
Von Klemp stammen Konzeption, Bildauswahl und Texte dieses Buches.

Herbert Zettl

Geboren am 16.4.1937 in Holeditz (bei Karlsbad) im Sudetenland.
Herbert Zettl ist Diplom-Ingenieur für Nachrichtentechnik und arbeitet als Abteilungsleiter beim SWF in Baden-Baden.

Auflösung „Suchbild" von S.32

Seit 1950 wohnt Zettl in Erfelden und begann bereits als Dreizehnjähriger, intensiv die Vogelwelt im Hessischen Ried zu erforschen. Sein Beobachtungsschwerpunkt lag dabei auf dem Kühkopf und in der Knoblochsaue. Später ergänzte er sein Arbeitsspektrum um Naturfotografie, Vorträge und Führungen.
Zettl ist Gründungsmitglied der Hessischen Gesellschaft für Ornithologie und Naturschutz (HGON). Das einstige Hobby geriet zunehmend zur Arbeit.
Zettl ist derzeit Mitglied des Naturschutzbeirates im Landkreis Groß-Gerau. Für die HGON ist er Arbeitskreisleiter im Landkreis und betreut für den Verband auch das NSG „Kühkopf-Knoblochsaue" sowie einige weitere NSG im südlichen Kreis Groß-Gerau. In dieser Funktion berät er gleichzeitig die obere Naturschutzbehörde.
Herbert Zettl verfügt über einen unübertrefflichen Fundus von Kühkopf-Fotos zu fast allen relevanten Themen. Ohne seine Bilder hätte dieses Buch in der vorliegenden Konzeption nicht realisiert werden können. Angesichts seiner geschilderten Aktivitäten liegt es auf der Hand, daß Zettl auch die Inhalte des Buches maßgeblich geformt hat.

Ralph Baumgärtel

Geboren am 6.3.1962 in Frankfurt am Main.
Ralph Baumgärtel ist seit 1976 in verschiedenen Naturschutzverbänden aktiv. Nach Abschluß seines Forstwirtschaftstudiums in Göttingen arbeitet er seit 1990 als Forstbeamter im Forstamt Groß-Gerau.
Als Revierleiter ist Baumgärtel seit 1992 für das Naturschutzgebiet Kühkopf-Knoblochsaue zuständig. Er organisiert hier den Forstbetrieb und setzt die Pflegeplanungen um. Wesentlicher Bestandteil seines Arbeitsspektrums sind Öffentlichkeitsarbeit, Umweltinformation und Umweltbildung im und über das Schutzgebiet.
Avifaunistische Erhebungen bilden den Schwerpunkt seines wissenschaftlichen Interesses.
Zu diesem Buch steuerte Baumgärtel sein profundes Wissen über das Gebiet bei, verwies auf Literatur, stellte Kontakte zu Fachleuten her, brachte viele Anregungen und kritische Anmerkungen zu den Textentwürfen ein. Nicht zuletzt griff er zur Kamera, um noch einige benötigte Motive abzulichten.

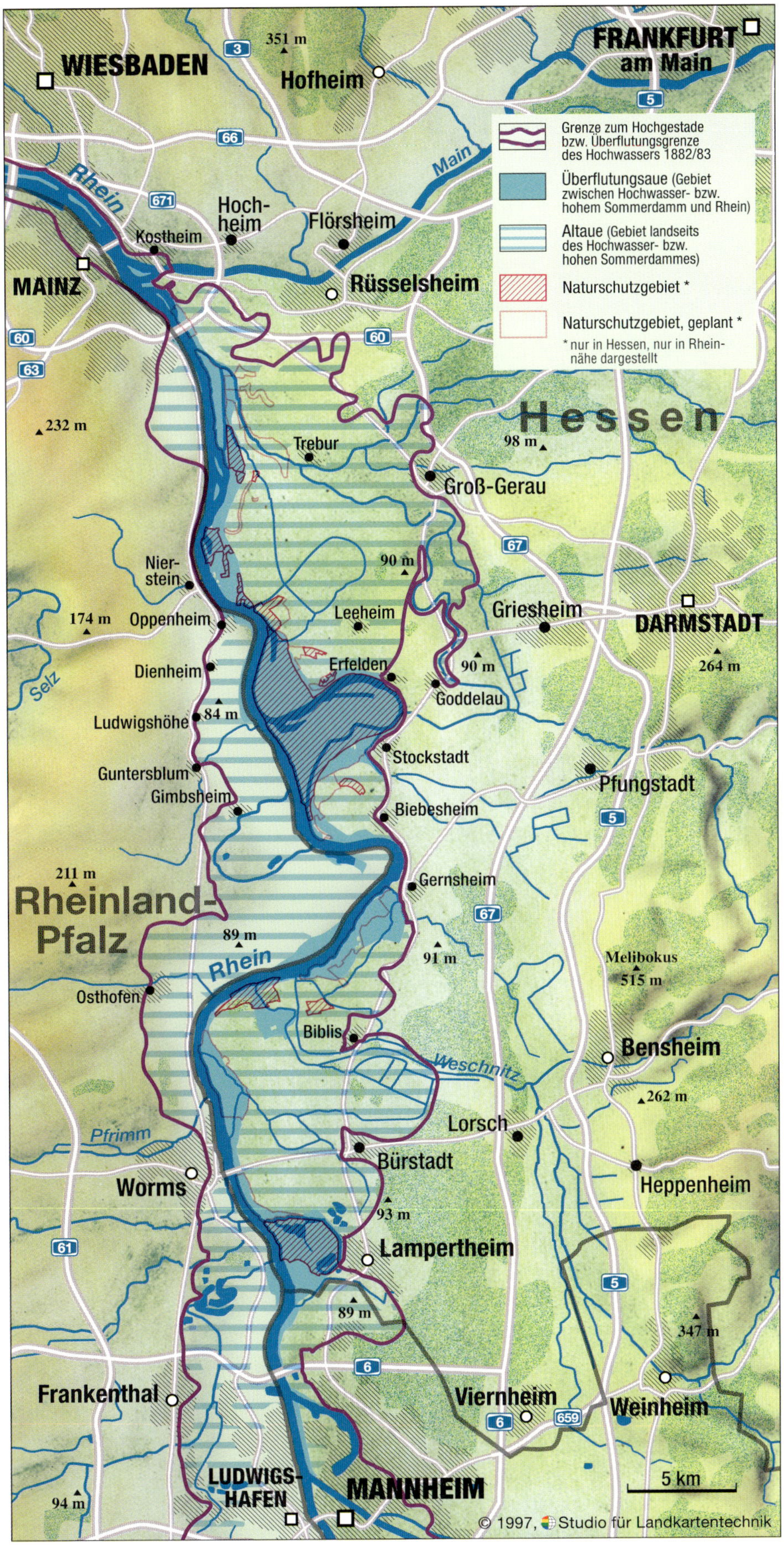

Der Rhein von Mannheim bis Wiesbaden

Die Altaue des Rheines ist in der Karte bläulich schraffiert eingetragen. Eher gemächlich strömte der Fluß hier einst in weiten Schlingen durch die Niederung und verlagerte immer wieder sein Bett. Es ist dieser Landschaft nicht mehr anzusehen, daß sie vor gut 2.000 Jahren fast vollständig von Auwald bedeckt war. Spuren des Stromes sind aber noch vielfach in der Niederung zu finden, als Altarme oder verlandete Flußschlingen, als moorige Randsenken oder als ehemalige Steilufer, die heute noch als Böschungen den Übergang von der Altaue zum Hochgestade markieren. Wo diese Prallhänge im Gelände deutlich sichtbar sind, erinnert ihr Verlauf an Girlanden, weil sie die Bögen alter Flußschleifen nachzeichnen.

Von Erfelden bis Kostheim sind markante Steilufer zwischen Altaue und Niederterrasse seltener zu entdecken. Zwischen diesen beiden Orten zeigt die violette Linie, wie weit die Wassermassen des Katastrophenhochwassers von 1882/83 vorgedrungen sind.

Der blaugrüne Bereich umfaßt die heutige Überflutungsaue zwischen dem Strom und den Haupt- oder Winterdeichen. Sommerdeiche halten auch hier die kleineren Hochwässer von etlichen Flächen fern.

Im hessischen Bereich sind die in Rheinnähe verbliebenen, naturnahen Bereiche rot schraffiert beziehungsweise mit einer hellroten Linie umrandet. Dabei wurde nicht unterschieden, ob es sich um fast natürliche Röhrichte, Auwaldreste und Sümpfe handelt oder um naturnahe Biotope aus Menschenhand.

Literatur

Wichtigste schriftliche Quellen waren Tagungs- und Forschungsberichte, fachliche Stellungnahmen sowie Planungsunterlagen aus Forschungseinrichtungen, Behörden und Ministerien sowie Artikel aus Fachzeitschriften.
Sie sollen hier nicht alle genannt werden; spezifisch Interessierte können beim Verlag eine umfangreiche Liste von Literatur über das Schutzgebiet erfragen.

Folgende Bücher wurden als Informationsquellen genutzt:

Peter Bender, Hans Welzenbach:
Europareservat Kühkopf-Knoblochsaue. Hessens größtes Naturschutzgebiet
Verlag Bender und Welzenbach
Groß-Gerau 1991

Gemeindevorstand der Gemeinde Riedstadt (Hrsg):
Erfelden: Geschichte und Geschichten
fip-produktion Horst und Renate Danker
Trebur 1980

Hessisches Ministerium für Landesentwicklung, Wohnen, Landwirtschaft, Forsten und Naturschutz (Hrsg):
Wanderführer Naturschutzgebiet Kühkopf-Knoblochsaue
Wiesbaden 1991

Kommunale Aktionsgemeinschaft zur Bekämpfung der Schnakenplage (Hrsg):
Biologische Stechmückenbekämpfung am Oberrhein
KABS, 67165 Waldsee 1996

José L.Lozan, Hartmut Kausch (Hrsg):
Warnsignale aus Flüssen und Ästuaren
Verlag Paul Parey
Berlin 1996

Sebastian Pfeifer (Hrsg):
Kühkopf-Knoblochsaue - das größte Hessische Naturschutzgebiet
Verlag Strobach
Frankfurt/Main 1979

Danksagung

Vor nicht allzu langer Zeit vermutete ich hinter dem Namen „Kühkopf" noch einen Berg in Nordhessen. Seit ich gefragt wurde, ein Buch über dieses herrliche Gebiet zu machen, hatte ich noch eine ganze Menge mehr zu lernen.
Es hat viel Freude gemacht, das Buch zu erarbeiten. Das Gebiet hat mich sofort in seinen Bann gezogen, und jede Exkursion dorthin war ein Genuß. Ein Genuß, der durch einen weiteren Umstand wesentlich gesteigert wurde: Bei meinen Recherchen lernte ich eine ganze Reihe interessanter und äußerst hilfsbereiter Menschen kennen. Jeder von ihnen half mir auf seine Art weiter: als Spezialist für ein bestimmtes Fachgebiet, als Generalist mit profundem Allgemeinwissen, als Ökologe, Historiker oder Verwaltungsmann.
Bei Zweien möchte ich mich ganz besonders bedanken: Herbert Zettl und Ralph Baumgärtel haben sich sehr viel Zeit genommen und mir zahlreiche „Privatstunden" gegeben, um mich mit dem Naturschutzgebiet und der Thematik rundum vertraut zu machen.
Etliche Stunden hat mir auch Frau Dr. Erika Schneider vom WWF-Aueninstitut gewidmet. Sie berichtete vor allem von ihren langjährigen Untersuchungen zur Sukzession auf den ehemaligen Ackerflächen im Schutzgebiet; daneben prüfte sie eine Reihe weiterer Textentwürfe.Es fehlt der Platz, alle zu nennen, die mir im Gespräch und durch Überlassung von Unterlagen weitergeholfen haben, aber zumindest den folgenden Personen möchte ich namentlich danken: Andrea Dobler (Geschäftsführerin Stiftung Hessischer Naturschutz); Gerhard Eppler (TH Darmstadt); Walter Glock (Leiter Heimatmuseum Erfelden); Prof. Hans-Peter Goerlich (Vorsitzender der Hessischen Gesellschaft für Ornithologie und Naturschutz); Johannes Henrich Gonnermann (Forstamtsleiter Groß-Gerau); Dietrich Kaiser (Abteilungsleiter Naturschutz im Hessischen Ministerium des Innern und für Landwirtschaft, Forsten und Naturschutz); Prof.Dr.Anton Lelek (Forschungsinstitut Senckenberg); Prof. Dr.D.Stefan Peters (Abteilungsleiter Forschungsinstitut Senckenberg); Klaus Werk (Abteilungsleiter Naturschutz beim Regierungspräsidium Darmstadt).

Trotz dieser geballten Kompetenz: Nie ist auszuschließen, daß dargestellte Erkenntnisse und Hypothesen zwischenzeitig überholt oder Fakten falsch wiedergegeben sind. Sicher ist irgendwann eine Korrektur in der Eile des Endspurtes untergegangen, vielleicht wurde einmal jemand zu wenig befragt.
Für Hinweise bin ich deshalb dankbar.

Herwig Klemp

Verlag Herwig Klemp
Streeker Moorweg 11
26209 Hatten-Sandkrug
Tel. 04481/ 98139
Fax 04481/ 98149